우리는 어디에서 어디로 가는가

우리는 어디에서 어디로 가는가

조지 월드 지음 | 전병근 옮김

모던아카이브

차례

"내가 오늘날 천지를 불러서 너희에게 증거를 삼노라.
내가 생명과 사망과 복과 저주를 네 앞에 두었은즉
너와 네 자손이 살기 위하여 생명을 택하라."
〈신명기〉, 30:19

일러두기

1. 단행본은 『 』로, 신문·잡지·곡명은 〈 〉로 표기했다.
2. 국내 소개되지 않은 자료는 원서 제목을 병기했다.

서문

나의 아버지 조지 월드는 두 가지의 공적인 삶을 살았다. 첫 번째는 과학자로서 사는 삶이었고, 그다음은 사회운동가로서의 삶이었다. 매시 강연은 두 삶의 전환기에서 아버지의 첫 번째 삶을 잘 요약하는 것이자 두 번째 삶의 도입부였다. 무엇보다 중요하게는 과학이 그에게 어떻게 사회운동의 토대가 되었는지를 잘 보여준다. 1970년 당시 64세였던 아버지는 반세기에 걸쳐 자신의 에너지 대부분을 생물학을 연구하고 가르치는 데 바쳐온 터였다. 싱클레어 루이스의 소설 『애로우스미스*Arrowsmith*』에서 영감을 받은 아버지는 생물학을 순수하게 지식의 추구라는 측면에서 접근했다. 그로서는 운이 좋게도 그때까지는 그런 유의 순수 연구 활동에 대한 자금 지원이 있었고, 지금과는 달리 획기적인 의학적 성과나 상업적인 생산물을 내놓아야 하는 압력은 상대적으로 작은 편이었다.

아버지는 1930년대 초반 박사후과정 연구원으로 독일에서 생활하기 시작한 첫해에 인간의 눈 속에 있는 비타민 A를 발견하는 행운까지 안았다. 이 발견 덕분에 그 후 과학자로의 길을 평탄하게 추구할 수 있었다. 그 과정에서 알게 된 몇몇 협력자들(나의 어머니 루스 허바드를 포함)과 함께 시각 색소의 화학 작용과 눈이 빛에 반응하는 방식의 상당 부분을 해명해내기도 했다. 아버지는 이 부분에 관한 연구가 아주 흥미진진할 뿐 아니라 대단히 의미심장한 일이라며 이렇게 말했다. "과학자는 어떤 면에서 예술가입니다. 나는 늘 내가 어떤 영역을 발전시키고 있으며, 그것은 마치 그림을 그리는 것과 비슷하다고 느껴왔습니다."

과학자로서 아버지의 인생은 1967년 노벨 생리의학상 수상으로 절정에 달했다. 그 시기는 과학자로서의 경력을 마무리하고 사회·정치 운동가로 옮겨가는 시작점이기도 했다. 아버지의 인생 전환은 교수로서의 경험에서 촉발된 것이었다. 그에게 교직은 연구 활동만큼이나 의미가 있었고 학생들과 늘 주고받는 과정이었다. 가끔 아버지는 하버드에서 신입생 대상의 개론 강의를 자원한 과학 분야의 교수로는 자신이 유일하다고 자랑스

레 말하곤 했다. 그가 1학년 생물학 강의를 맡겠다고 고집한 것은 학생들을 자신의 학문 영역으로 이끌어 흥미를 갖게 하고 싶은 마음도 있었지만, 젊은 사람들과 이야기하는 것을 좋아하기 때문이기도 했다. 파티장 한구석에서 다섯 살 먹은 꼬마와 우주학이나 자연사에 대해 진지하게 이야기하는 그의 모습을 심심찮게 볼 수 있었다. 그런 날이면 활기찬 모습으로 돌아와서는 그토록 지적인 자극을 주는 대화를 어른과는 할 수 없을 거라고 말하곤 했다.

1960년대에 들어와 민권운동과 베트남 전쟁에 대한 반응으로 학생들의 정치적 행동주의가 터져 나왔을 때는 급진주의와 사회참여의 새로운 정신에서 힘을 얻고 영감을 받았다. 당시에 보여준 그의 태도는 그만한 나이와 사회적 명망을 가진 교수로서는 이례적인 것이었다. 내가 기억하기로는 1969년 하버드에서 대규모 학생 동맹휴업을 지지한 교수는 여섯 명에 불과했는데 아버지도 그중 한 명이었다. 이 책의 강연에서도 언급되지만, 같은 해 3월 매사추세츠 공과대학에서 열린 베트남전 반대 교수-학생 토론회에서는 즉흥에 가까운 연설을 했다. '미래를 찾는 세대(A Generation in Search of a Future)'라는 제목이 붙은 강연 내용은 곧바로 주요 선언문으로 인정받아 전국 곳곳에서 출간되었고, 40개 언어로 번역된 데 이어 레코드판으로도 발매됐다.

사실상 하룻밤 사이에 아버지는 선도적인 평화운동가가 되어 미국 전역과 해외를 순회했다.

매시 강연은 바로 그 전환의 순간에 있던 아버지를 포착하고 있는데 그가 지닌 신념의 깊은 토대는 물론 과학을 사회·정치적 행동과 연결하려 한 그의 노력을 보여준다. 1장과 2장은 앞서 크게 인기를 끈 그의 첫 과학 강연 '생명의 기원'에서 다룬 주제에 관해 다시 이야기한다. 4장의 상당 부분은 그 후속 강연인 '죽음의 기원'에서 가져온 것으로, 죽음이 생명을 풍요롭게 하는 역할에 관해 놀랍도록 낙관적인 사유를 보여준다.

나머지 세 장에서는 과학적인 탐구에서 얻은 교훈을 그의 주변에서 제기된 질문과 쟁점 들에 다양한 방식으로 적용해 보인다. 그는 이러한 과정을 남은 생애 내내 계속 추구했다.

그 과학적 탐구와 적용의 과정이란 늘 순환하는 것이었다. 아버지에게 과학의 위대한 덕목이란 끝이 열려 있다는 점이었다. 즉, 과학은 정답을 제시하는 것이 아니며, 모든 답변은 그것이 옳든 그르든 지식을 얻기 위한 여정의 걸음으로 대한다는 것이다. 기후변화 부인론자들은 아버지가 1970년에 우리가 극적인 행동을 취하지 않으면 문명이 15~30년 이내에 끝날 수 있다고 경고한 것을 두고 과학자가 흔히 빠지기 쉬운 오류라거나 과잉 경고의 사례라고 거론해왔다. 아버지라면 이런 지적에 지구적 차원의 거대한 사고 실험에서 예측이 수십 년 늦어지는 것은 하등 놀랄 게 없으며, 오히려 1970년에 우려했던 추세들은 지금에 이르러 더 심각해지고 위험한 수준으로 고조됐다고 응수할 것이다. (이런 위험을 비판자들이 망각하고 있는 모습을 보면 엠파이어 스테이트 빌딩에서 추락하는 사내가 35층을 지나면서 "아직까진 괜찮아"라고 했다는 오랜 농담이 떠오른다.)

이 강연에서 우려를 표한 내용 대부분은 반세기가 지난 지금도 여전하다. 다만 여기에 등장하는 몇몇 옛날식 표현은 좀 놀랍긴 하다. 1970년대는 모던 페미니즘 운동이 막 고개를 들던 시기로 몇 해 지나지 않아 아버지는 'man'이라는 단어를 'human'과 동의어로 쓰는 일을 자제했다. 원자력의 잠재 가치에 열의를 보인 것은 특히 놀랍다. 1980년대에 이르러 아버지는 원자력 산업에 대한 적극적인 반대자로 돌아섰기 때문이다. 그때 가서도 핵분열을 활용할 수 있는 어떤 가능성이 있다는 생각에는 변함이 없었지만, 핵분열 원자로는 명백히 위험하다는 결론에 이르렀다. 아버지는 인구과잉을 중심적인 문제로 설정하는 것을 경계했다. 이미 이 강연에서도 지구의 자원을 압박하는 주요 부하는 선진국들로부터 온다고 조심스럽게 지적하고 있지만, 인구과잉은 자원 압박의 원인이라기보다는 징후로 다뤄야 한다는 믿음이 점점 굳어져 갔다. 아버지에게 중요한 것은 세계 모든 사람을 위한 삶의 기준과 삶의 질을 개선하는 것이었다. 특히 가장 기본적인 인간 가치를 육성하는 데 집중하여 '어린이를 위한 더 좋은 세상'을 만드는 일이었다.

아버지가 마지막 강연을 끝낸 후에 한 인터뷰에서 언급한 조직에 관해 부연하자면, 당시 아버지가 결성하려고 추진하던 조직은 얼마 있지 않아 노동자-대학연합이 되었다. 자신이 브루클린 노동계급 출신이라는 사실에 늘 자부심을 가지고 있던 아버지는 당시 학생과 노동자 사이에 커지고 있는 간극에 다리를 놓아 신좌파와 구좌파의 핵심 구성원 간의 결속을 끌어내고 싶어 했다. 여러 이유에서 조직은 제대로 비상하지도 못한 채 몇 해 지나지 않아 끝이 났지만, 그것은 중요한 노력이었고 그 기간에 결성된 관계 일부는 그 뒤로도 오래 유지되었다.

그 밖에도 할 이야기가 훨씬 많지만, 다행히도 이 강연들이 지금껏 살아남아서 아버지 자신이 직접 이야기를 들려줄 수 있게 되어 기쁘다. 이제 아버지가 과거 학생들 앞에서나 인터뷰에서 종종 하던 말로 서문을 맺을까 한다.

> 인간이 행복해지는 데 가장 중요한 원천 중 하나는 이룰 수 없는 목표를 찾는 것입니다. 이 말이 이상하게 들리겠지만, 이 세상에 살면서 여러분이 바라는 것은 많습니다. 사랑할 수 있는 누군가를 찾고 싶어 하고, 집을 짓고 싶어 하고, 아이를 낳고 싶

어 합니다. 그리고 그중 많은 것을 이룰 겁니다. 하지만 어떻게 해서든 찾아낸 그것이 여러분이 꿈꿔온 것에는 절대 미치지 못할 것입니다. 따라서 결코 목표이기를 멈추지 않는 목표를 찾는 것이 중요합니다. 작은 승리들을 거둘 수 있으면서도 동시에 그런 승리가 더 큰 것 속에서 일어나는 일개 사건들에 지나지 않는 목표 말입니다. 과학은 바로 그런 역할에 잘 맞습니다. … 우리는 과학의 거대한 사업이 끝을 보게 될까 두려워할 필요가 전혀 없습니다.

또 아버지는 이런 말도 했다.

제가 어린 학생일 때, 과학자는 '어떻게'에 관해서만 질문할 뿐 '왜'에 관해서는 절대 묻지 않는다는 말을 듣곤 했습니다. 하지만 지금은 그런 말이 과학자를 낮춰 보는 것이라는 생각이 듭니다. 확실히 우리는 '어떻게'에 관해 반복해서 질문합니다. 하지만 우리가 '어떻게'라는 질문에 대한 답을 들을 수 있는 행운을 누리게 된 이상, '왜'라는 질문을 해야 할 때도 옵니다.

2017년 3월
펜실베이니아 주 필라델피아에서
엘리자 월드

책을 출간하며

1970년 봄이었다. 나는 CBS의 〈아이디어〉라는 프로그램을 만드는 동료들을 설득해 1970년 매시 강연을 조지 월드에게 맡기도록 했다. 내가 월드를 제안한 것은 그가 노벨상 수상자이면서, 생물학을 현실과 관련지어 이해하기 쉽고 흥미진진하게 설명하는 법을 아는 과학자이기 때문이었다. 그의 영향력은 시각생리학 분야에서 거둔 과학적 성취에서부터 학생들에게 끼친 이례적인 반향은 물론, 무지를 넘어서 앎의 중요성을 표현할 수 있는 능력에 이르기까지 두루 뻗어 있었다.

월드는 용기 있는 도전적 발언으로도 널리 존경을 받았다. 그는 베트남전에 대한 미국의 개입 종식을 공개적으로 지지했다. 또한 대학이 전쟁 관련 연구에 관여하는 것을 반대하는가 하면 산아제한 캠페인을 지지했다. 이런 모든 활동은 생명의 기원을 이해하는 것에 대한 그의 깊은 경외심과 연결돼 있었다. 이 강연의 첫 회에 해당하는 '우주와 하나인 우리'에서 이야기하듯, 그는 생명의 기원이야말로 '내가 아는 가장 웅장한 이야기이며 가장 경탄스럽고 가장 아름다우며 가장 의미 있는 이야기'라고 여겼다.

월드의 생물학 개론 강의는 엄청나게 인기가 높아 하버드의 모든 학생이 알고 있었다. 나도 그중 한 명이었다. 하버드 교내 신문인 〈하버드 크림슨〉은 그의 강의가 "이 캠퍼스에서 진행된 어떤 강의보다 더 많은 과학자를 시인으로, 혹은 더 많은 시인을 과학자로 바꿔놓았다"고 보도했다. 나와 대학 동기였던 데이비드 존스턴 캐나다 총독도 그 수업을 듣고 다른 많은 수강생과 마찬가지로 깊은 영향을 받았다. 그는 토론토 대학 신문인 〈버시티〉와의 인터뷰에서 월드의 수업을 들은 소감을 이렇게 피력했다. "(머리에) 불이 켜지면서, 마치 삼각측량을 하듯 다른 각도에서 문제를 보게 해준다. 그러면서 다른 관점을 끌어들이고 다른 강조점을 활용하는 것이 얼마나 중요한지를 깨닫기 시작한다." 존스턴은 그처럼 과학에서 받은 인식의 영향이 평생 이어졌으며, 특히 훗날 컴퓨터와 커뮤니케이션, 사이버공간과 관련한 법적 쟁점에 관해 많은 글을 쓰는 데 중요했다고 내게 말했다.

나는 월드 박사를 초대하면서 그가 자연 과학자로서는 처음으로 매시 강연을 하는 영예를 누리게 될 거라는 점을 강조했다. 그러면서 "이것은 우리 측에서 어떤 반과학적인 편견을 갖고 있기 때문이 아니라 오히려 그 반대"라고 말했다. 그리고 "개인의 (정신적, 육체적 등) 생존뿐 아니라 인류의 생존에 관한 우려마저 지대한 지금 수많은 사람이 그 어느 때보다도 애타게 과학에서 해법을 찾고 있다"는 설명을 덧붙였다.

실로 1970년은 획기적인 해였다. 대중음악으로 말하자면 사이먼 & 가펑클의 〈험한 세상의 다리가 되어〉의 발표와 함께 시작해서(그 노래의 정신은 요즘 다시 유행이다), 비틀스의 해체와 뒤이은 마지막 앨범 〈렛 잇 비〉의 발매와 더불어 끝이 났다. 곳곳에서는 항의 시위가 속출했다. 60년대는 지나갔지만 베트남전은 계속해서 격전 중이었고, 방위군은 켄트 주립대학교에서 항의 시위 중이던 학생 네 명에게 실탄을 발포하기도 했다. 그때까지도 캐나다에는 미국의 병역 기피자들이 유입되고 있었는데, 그보다 훨씬 중요한 사건은 이른바 '10월 위기'였다. 당시 몬트리올의 퀘벡해방전선(FLQ) 분리주의자들이 영국 대사관의 무역사무관을 납치하자, 캐나다 연방정부는 전시조치법을 발동했고, 납치범들이 퀘벡 노동장관 피에르 라포르테를 살해하는 참사로 이어졌다.

월드는 나의 초청에 긍정적으로 답했고, 거의 곧바로 미국 매사추세츠 주 우즈홀에 있는 그의 연구실로 나를 초대해 대화를 녹음하게 했다. 당시 그는 그곳 해양 생물학 연구소에서 여름 학기 수업과 연구를 병행하고 있었다. 그로부터 며칠 후 캐나다 전역의 청중에게 매시 강연이 생방송으로 나가기 시작했다. 우리가 강연을 얼마간 마쳤을 때 그는 강연 후 인터뷰도 녹음해야 한다고 고집했다. 그는 그때 자신의 작은 요트를 조종하고 있었는데, 테이프 녹음기가 물에 젖을까 봐 맘 졸였던 기억을 아직도 잊지 못한다.

그는 강연에서 몇 가지 심오한 주제들을 다루었다. 그중에는 생명의 가치, 죽음의 중요성, 불평등과 공해가 초래할 장기적 폐해, 종교의 역할, 다양성의 중요성도 있었다. 월드는 이런 주제들에 관해 깊은 지식과 경외심은 물론 유머까지 곁들여 가며 이야기했다.

강연 중 한 회를 마쳤을 때 그는 청취자들에게 우리의 미래와 다른 사람들의 미래를 배려하자고 역설하면서 성경의 한 구절을 인용했다. "요즘 늘 저의 생각 속에 머무는 〈신명기〉의 아름다운 구절이 있습니다. 30장 19절입니다. 읽어드리겠습니다. '내가 생명과 사망과 복과 저주를 네 앞에 두었은즉 너와 네 자손이 살기 위하여 생명을 택하라.'"

프로그램은 대성공이었다. 월드가 원고를 그대로 읽지 않고 마음에서 나오는 대로 이야기하겠다고 고집한 게 주요했다. 그것은 이례적인 일이었지만, 월드는 나중에 강연 녹취록을 출간할 수 있도록 편집하겠다고 약속했기 때문에 라디오 프로듀서인 우리로서는 온당한 요구라고 생각했다. 그런 이유 외에도, 원고 없는 강연이 그로서는 편하게 느낄 수 있는 유일한 방법이기 때문이기도 했다. 상대가 하버드 학생이든 더 광범위한 대중이든 마찬가지였다. 아들 엘리자 월드가 앞에서 말했듯이 그는 씌어진 텍스트나 노트 없이, 핵심 구절이 적힌 카드만 몇 장 들고 강연을 하는 전형적인 인물이었다.

프로그램이 방송된 후에는, 우리의 요청과 독려에도 불구하고 애초 약속했던 출판을 위한 원고는 집필할 생각이 없다는 사실이 점차 분명해졌다. 사실 그가 책을 내는 데 어려움을 겪은 것은 그때만이 아니었다. 생물학 교과서를 내기 위해 원고를 끝내는 과정에서도 꽤 애를 먹었다.

하지만 나는 희망을 완전히 버리지는 않았다. 그러다 몇 년 전, 마틴 루서 킹 주니어의 것을 포함해 '잃어버린' 매시 강연 일부가 '발견'되고 재출간되기에 이르렀다. 혹시 'Therefore Choose Life'도 그중에 포함돼 있을까? 하지만 그럴 리는 없었다. 알 만한 사람들 사이에서는 그때 강연을 위해 써둔 원고 따위는 없다는 것이 정설이었다. 원고가 어디에 있는지는 아무도 알지 못하는 상황에서 월드 박사는 1997년 세상을 떠났다.

2016년 뜻밖의 운명이 찾아들었다. 7월 어느 날 아침 나는 충동적으로 '조지 월드'와 'CBC' 그리고 'Therefore Choose Life'를 구글에서 검색해봤다. 빙고! 웹페이지 절반 아래쯤에 하버드 아카이브의 조지 월드 논문 모음으로 연결된 링크가 있었다. 하버드 아카이브에 있는 그의 논문 온라인 목록에는 강연 관련 녹취록과 서신에 관한 참고 목록도 있었다. 놀라운 일이었다. 오랜 시간이 지난 지금 마침내 책으로 출간할 수 있게 되다니! 내가 해야 할 일이라고는 직접 케임브리지로 가서 원고를 확인하는 것뿐이었다.

하버드에 도착했을 때, 아카이브 직원들이 월드 박사의 문서 더미에서 관련 상자를 꺼내 왔다. 몇 분 만에 나는 편집된 녹취록을 찾았다. 당시 강연 프로그램은 라디오 캐나다 인터내셔널로 방송됐기 때문에 상자에는 세계 전역의 청취자들이 보내온 편지들도 있었다. 많은 사람이 월드에게 언제 책이 출간되는지 묻고 있었다. 그는 똑같은 내용의 답신을 보냈는데, 그것은 이렇게 시작했다. "감사합니다. 시간이 나는 대로 매시 강연 녹취록을 편집하겠습니다."

나는 〈아이디어〉의 책임 프로듀서인 그레그 켈리에게 편지를 썼다. 잃어버린 매시 강연이 이제야 발견됐으며, 근 반세기가 지났음에도 강연 내용은 여전히 믿기 어려울 만큼 시의성이 높고, 심지어 지금에서 와서 훨씬 더 시의성이 있다고 이야기했다. 그래그도 이렇게 기쁨을 표시했다. “매시 강연은 이토록 놀라운 재연소를 통해, 제작됐던 해를 훨씬 넘어서까지 청취자와 독자 들에게 가닿는군요.”

마침내 조지 월드의 강연 ‘Therefore Choose Life’가 사람들에게도 ‘발견돼야’ 한다는 데 동의했다. 나머지는 알려진 대로다.

2017년 3월 13일
온타리오 주 오타와에서
루이스 아우어바흐

제1부

조지 월드의 매시 강연

1장

우주와 하나인 우리

ONE WITH THE UNIVERSE

보스턴미술관에는 폴 고갱이 그린 커다란 그림 한 점이 있습니다. 그가 타히티에서 살았던 시절에 그린 거지요. 보는 이를 생각에 잠기게 하는 신비한 작품입니다. 작품 왼쪽 위의 귀퉁이를 보면 프랑스어로 세 문장이 적혀 있습니다. *D'où venons-nous? Que sommes-nous? Où allons-nous?* 번역하면 이렇습니다. '우리는 어디에서 왔는가? 우리는 누구인가? 우리는 어디로 가는가?' 세계 어느 곳을 보더라도 인간은 모두 이런 질문을 해왔습니다. 우리는 어디에서 왔으며 어떤 존재인지 그리고 장차 무엇이 될 것인지, 최소한의 어떤 실마리라도 알고 싶어 했지요. 인간은 이런 질문들의 답을 찾기 위해 많은 경로를 모색해왔습니다. 이 자리를 통해 여러분께 여러 경로 중에서도 저는 과학이 가장 확실한 길을 제공할 거라고 믿는다는 말씀을 드리게 됨을 용서해주기 바랍니다.

우리는 요즘 들어 그런 질문들에 관한 답의 필요성을 더욱 강렬하게 느끼고 있습니다. 우리 사회는 지금 확신의 위기, 사명감의 위기, 헌신의 위기, 일종의 범세계적인 정체성의 위기에 직면해 있지요. 이런 상황에서 기술이 지리적인 거리를 없애준 만큼이나 우리 인간은 이전 어느 때보다도 하나의 공동체가 되어야 할 필요가 있습니다. 인간의 요구와 목표에 대한 공감대를 형성하지 못한다면 우리는 길을 잃고 말 겁니다. 바로 이런 내용이 제가 이번 연속 강연에서 이야기하려는 주제입니다. 저는 여러분에게 이런 질문을 던져볼까 합니다. 과학자는 어떤 근거에서 도덕적, 정치적 판단을 내릴 수 있는가? 저는 그런 판단의 기반, 바로 저의 기반을 함께 살펴보고자 합니다. 그것은 여러분의 기반이 될 수도 있을 것입니다. 제가 찾는 것은 우리의 결정과 행동의 안내자로 활용할 수 있는 모종의 맥락입니다.

어떤 면에서 그것은 제가 믿는 종교입니다. 한 과학자의 완전히 세속적인 종교이지요. 여기에는 초자연적인 요소라고는 들어 있지 않습니다. 저로서는 자연이면 충분합니다. 자연만으로도 충분한 경외감과 아름다움을 느낄 수 있을 뿐 아니라, 신앙과 이성까지도 충족됩니다. 저는 우리가 자연을 충분히 파악했다고 느낄 경우에만 초자연적인 것을 찾아 나설 것입니다. 하지만 우리는 아직 그런 상황에 이르지 않았습니다. 앞으로도 결코 이르지 못할 것입니다.

저는 우선 몇 가지 기본적인 생각을 추려내는 것으로 이야기를 시작하고 싶습니다. 먼저 우리가 이야기하려고 하는 주제에 관해 알 필요가 있습니다. 첫째, 인간은 우리가 인간을 알 수 있는 시기부터 지금까지 줄곧 알려고 애써 왔습니다. 저는 이런 지속적인 지식 탐구의 전형이 과학이라고 생각합니다. 과학은 모든 실재를 이해하려는 시도이지요. 여기서 실재란 아주 넓은 영역을 포함합니다. 낙하하는 돌이나 원자핵 구조와 같이 상대적으로 단순한 것에 그치지 않습니다. 훨씬 더 복잡한 것들, 가령 소네트를 쓰는 시인이나 우는 사람들, 기도하는 사람들까지 다 아우르지요. 이보다 더 복잡한 어떤 것들은 과학으로도 결코 이해하지 못할 거라고 생각합니다. 그렇더라도 우리는 계속해서 알고자 하는 시도를 멈추지 않을 것입니다. 이 모든 사업(enterprise)의 핵심은 실재를 이해하는 것에 이르는 것입니다. 사실(facts)은 단지 과학의 원재료일 뿐이지요.

언젠가 저는 처음으로 헤르만 헤세의 『싯다르타』를 읽었을 때 그 책에서 놀라운 문장을 얻을 수 있었습니다. 그 문장 그대로 헤세의 책에 씌어 있었던 것은 아닙니다만, 문장의 모든 부분이 그 책 속에 다 들어 있었고 그 덕에 그 문장을 발견할 수 있었습니다. 그 문장이란 이렇습니다. "지식은 말(words)에서 얻을 수 있지만, 지혜는 오직 사물에서만 얻을 수 있다." 과학이 바로 사물에서 지혜를 뽑아내려는 우리 내면의 뿌리 깊은 시도라고 생각합니다.

실재를 이해하려는 깊고 일관된 시도는 그 자체로도 과학을 전체적으로 좋게 만듭니다. 우리 문화는 그런 시도를 좋은 것으로 해석하기 때문이지요. '나쁜 과학'이라는 것은 있을 수 없습니다. 이 점에 관해서는 다른 어떤 관점도 무지를 위한 변명에 지나지 않을 겁니다. 과학과의 어떤 다툼도 무지가 더 낫게 만들 수 있는 것은 없을 테니까요.

또 이것과는 완전히 다른 사업으로 과학을 유용한 목적에 응용하는 일이 있습니다. 바로 기술입니다. 저는 조금 전에 과학은 전적으로 좋은 것이라고 설명했지요. 하지만 기술에 관해서는 꿈에라도 그렇게 말할 생각이 없습니다. 기술은 사용하기 위한 것입니다. 따라서 제대로 돌아가는 사회라면 기술 분야의 모든 사업은 신구를 막론하고 사회의 필요와 목표와 열망에 비춰 계속해서 재검토와 판단을 받아야만 합니다.

현재 우리 사회가 직면한 한 가지 문제는 모든 기술을 의문의 여지 없이 진보로 간주하는 경향이 있다는 것입니다. 심지어 기술의 좀 더 불쾌한 측면을 마치 운명적인 것으로 볼 때도 있습니다. 하지만 이것은 전적으로 잘못된 것입니다. 저는 가끔 이런 질문을 해본 적이 있습니다. 그때도 흔한 질문은 아니었지요. "할 수 있는 것이라고 해서 무엇이든 해야만 할까?" 이런 질문에 대한 흔한 대답은 이런 식이었습니다. "당연히 해야만 한다. 사람들은 할 수 있는 것은 무엇이든 한다. 최대한 멀리까지, 최대한 빨리 여행하고, 폭탄 같은 대단한 것도 만들고, 그 밖에 다른 것도 할 수 있는 것은 뭐든 다 한다. 무엇이든 할 수만 있다면 곧바로 실행에 옮긴다." 하지만 그 질문에 대한 제대로 된 답변은 "당연히 아니다"입니다. 할 수 있는 모든 것 중에서 무엇을 하고 무엇을 하지 말아야 할지를 우리는 결정해야 합니다. 이때 결정은 핵심적인 인간 사회의 필요에 비추어 내려져야만 합니다.

그런 결정은 누가 내리고 있나요? 오늘날 우리 사회가 당면한 또 다른 문제는 그런 결정을 거의 전적으로 기술을 생산하는 사람들이 내리고 있다는 겁니다. 이 기술 생산자들은 기술에서 부나 권력, 지위를 얻을 기회를 노리는 사람들입니다. 우리는 그런 이해관계가 있는 모든 당사자의 의견에 귀를 기울여야 하지만, 최종 결정은 기술 생산자가 아니라 생산물과 더불어 살아야 할 사람들이 내려야만 합니다. 따라서 과학과 기술에 관해서는 최대한 알려고 하되, 지식을 응용하는 것은 사회적으로 유용하고 이로워 보이는 것에 제한하는 태도가 필요합니다.

서로 구분을 하지 않는 바람에 혼돈과 곤란을 야기하는 개념이 또 있습니다. 창조와 생산입니다. 이번에도 창조는 전적으로 좋은 것입니다. 우리 문화는 창조를 좋은 것으로 해석하니까요. 하지만 생산은 기술과 마찬가지로 사용하기 위한 것입니다. 따라서 제대로 돌아가는 사회라면 모든 생산은 사회적 필요와 목표에 비추어 지속적인 재검토와 판단을 받아야만 합니다.

요즘 인간이 인간 세계로부터 소외되고 있다는 이야기를 많이 합니다. 소외의 원인을 과학에서 찾기도 하지요. 하지만 저는 오해라고 생각합니다. 제대로 이해한다면 과학은 결코 인간을 소외시킬 수 없습니다. 과학의 모든 초점과 목적은 인간을 자신이 속한 우주에서 편히 지내도록 하는 것입니다. 약 1세기 전에는 과학자들이 수백 년 동안 누적돼온 전통의 잔재를 일소하려는 열망에 찬 나머지, 생명과 우주 속 인간의 지위에 대한 견해를 깎아내리고, 이전 것을 제거하고 난 자리를 무(nothing)로 대체한 적이 있었지요. 하지만 그런 과업을 완성하고 난 후 금세기 초에 이르러 과학은 다시 세계를 제자리에 되돌려놓기 시작했습니다. 이제는 우리가 거주하는 이런 우주와 우주 속 생명의 지위 그리고 생명 속 인간의 지위에 관해 놀랍도록 통일된 관점을 구축하기에 이르렀습니다.

그 통일성이란 무엇일까요? 우리는 이제 우리가 사는 곳이 역사가 있는 우주이며, 이 안에서 살아 있는 유기체나 별, 은하도 태어나고 성장하고 늙고 죽어간다는 사실을 압니다. 우주는 방사선 입자인 양성자와 중성자, 전자, 광자라는 네 종류의 소립자로 만들어져 있습니다. 그런 우주는 중성자만으로도 시작될 수 있었을 것입니다. 이때 중성자는 13분 정도의 반감기 이내에 붕괴하면서 일부는 양성자와 전자, 방사선으로 방출되었겠지요. 또한 그런 우주는 빛과 방사선만으로 시작될 수도 있었을 것입니다. 마치 "빛이 있으라"라는 표현처럼 말이지요. 잠시 후에 살펴보겠지만 빛의 입자인 광자는 다른 입자들과 상호변환이 가능하기 때문입니다.

우주의 전부는 아니더라도 상당 부분이 가스로 시작된 것은 확실합니다. 플라스마라고 불리는 것이지요. 우주의 막대한 부분을 채우고 있던 소립자들로 된 가스 말입니다. 그다음에는 소립자로 된 이 가스 여기저기에서 우연히 회오리가 일기 시작해 약간 특별한 물질의 매듭을 만들어냈고, 여기에 중력의 힘이 작용하면서 물질 주변에 입자들을 끌어들이기 시작했습니다. 그것은 점점 커지면서 더 많은 입자를 끌어당겼습니다. 그런 것이 많을수록 주변에 입자를 끌어들이기도 더 좋지요. 그렇게 응집된 덩어리는 종류를 막론하고 수축하면서 온도가 올라갔습니다. 이 덩어리의 심층 내부 온도가 500만 도 가까이에 이르자 새로운 것이 생겨났습니다.

이른바 수소의 연소라 불리는 것입니다. 연소라고 해서 실제로 불에 타는 것은 아닙니다. 그렇게 부를 뿐이지요. 초기의 소립자 중 하나인 양성자들(양성자는 수소 원자의 핵이어서 양성자를 종종 수소라 부르기도 하지요), 그러니까 수소 핵인 양성자들은 수축하기 시작해 헬륨 핵을 형성했습니다. 즉, 4개의 수소 핵이 하나의 헬륨 핵을 형성한 것이지요. 각각 질량이 1인 수소 핵 4개가 모여 질량이 약 4인 헬륨 핵 하나가 만들어진 겁니다. 하지만 이 변환 과정에서 약간의 질량을 잃게 됩니다. 그 결과 헬륨 핵은 양성자 4개보다 질량이 약간 작지요. 그때 잃어버린 약간의 질량은 방사선으로 바뀌게 됩니다. 아인슈타인의 유명한 공식 $E=mc^2$에 따르면 그렇지요. 이때 E는 방사선의 에너지, m은 아주 작은 질량, c는 대단히 큰 숫자인 초속 약 30만 킬로미터의 빛의 속도를 뜻합니다. 실로 막대한 수지요. 그렇게 큰 숫자를 제곱하면 환상적으로 큰 수가 나옵니다. 심지어 아주 작은 질량이라도 그만큼 큰 수로 곱하면 어마어마한 방사선이 나오지요. 소립자 덩어리가 붕괴하면서 심층 내부에서 방사선이 방출되기 시작하고 이것은 다시 추가 붕괴를 돕습니다. 그 결과 물질 덩어리는 일종의 불안정이 지속되는 상태에 이르게 되지요. 방금 제가 묘사한 것이 바로 별의 탄생 과정입니다. 바야흐로 별은 성숙기로 진입하게 되지요. 이른바 주계열(main sequence) 상태에 이른 겁니다. 우리 태양이 60억 년 전쯤에 바로 그런 상태에 도달했던 겁니다. 그 뒤로 지금까지 계속 주계열 상태에 있지요. 태양은 일반적인 별, 그러니까 지극히 평범한 중년의 별입니다. 태양의 수명은 앞으로 60억 년쯤 남았습니다.

어떤 별이 됐든 모든 별이 이런 과정을 거치면서 살아가지요. 수소가 헬륨으로 변환하는 과정 말입니다. 그런 다음에 모든 별은 결국 별수 없이 수소가 고갈되기 시작하는 시점에 이릅니다. 그렇게 되면 생산하던 에너지의 양이 줄어들고 다시 수축하기 시작하지요. 별이 수축하면 다시 온도가 올라가기 시작합니다. 별의 심층 내부 온도가 약 1억 도쯤 되면 새로운 일이 일어나지요. 이번에는 이른바 헬륨의 연소입니다. 하나당 약 4의 질량을 가진 헬륨 핵이 서로 뭉치기 시작합니다. 이 과정은 단순한 산수에 해당합니다. 2개의 헬륨 핵이 결합해서 4개가 되고, 4개와 4개가 결합해 8개가 되지요. 그게 베릴륨 ^{8}Be입니다. 이 입자는 너무나 불안정해서 아주 순식간에 붕괴합니다. 그래서 한 번도 측정된 적이 없지요. 하지만 이처럼 어마어마한 온

도와 압력 아래에서는 늘 몇 개의 베릴륨 핵이 있게 마련입니다. 여기저기에 흩어져 있던 베릴륨 핵 중 하나가 다른 헬륨 핵을 붙잡습니다. 8개와 4개가 만나면 12개가 되지요. 12개는 뭘까요? 바로 탄소입니다. 우리 우주 안에서 탄소가 생기는 것은 바로 이 단계에서입니다. 탄소가 얼마간 생성되면 탄소 12는 이제 다른 헬륨 핵을 붙잡을 수 있습니다. 그러면 12개와 4개가 합쳐져 16개가 되지요. 그럼 16은 뭘까요? 이게 산소입니다. 우리 우주에서 산소가 나오는 것은 바로 이 단계에서입니다. 탄소는 또 다른 재주가 있습니다. 수소 핵인 양성자를 집어낼 수 있지요. 그러면서 탄소 12에 양성자 2개를 더해서 14개로 만듭니다. 14는 뭘까요? 질소입니다. 이런 새로운 반응, 새로운 핵의 과정을 거치면서 별의 심층 내부에서는 엄청난 양의 새로운 에너지가 분출됩니다. 이 에너지는 너무나 막대해서 별의 추가 붕괴를 막을 수도 있고 엄청난 크기로 부풀어 오르게 할 수도 있습니다. 이때 별은 적색 거성이 되지요. 한껏 부풀어 올랐기 때문에 거대하고, 바깥층이 어느 정도 식었기 때문에 붉은색을 띱니다. 적색 거성은 죽어가는 별이지요. 마치 영국 시인 딜런 토머스가 아버지를 노래했을 때처럼 말입니다.

저 좋은 밤 안으로 순순히 들어가지 마세요,

노년은 날이 저물었을 때 불타오르고 포효해야 해요.
빛이 꺼져가는 데 맞서 분노하고 또 분노하세요.

이것이 바로 적색 거성의 상태입니다. 아주 우아한 상태에 있지요. 별 표면에서 많은 물질이 끓어올라 대기권 밖 우주 공간으로 솟구칩니다. 이따금 많은 양의 물질을 우주로 길게 흘려 떠나보내기도 하지요. 바로 섬광성입니다. 가끔은 전부 폭발이라도 할 것처럼 위협적일 때도 있지요. 바로 신성입니다. 간혹 실제로 폭발이 일어나기도 하지요. 초신성입니다. 이런 모든 방식으로, 적색 거성을 구성하고 있던 물질들은 우주로 돌아가서, 우주 전체를 채우고 있는 엄청난 질량의 가스와 먼지의 일부가 되지요. 지금은 우리 우주의 질량 절반 정도가 가스와 먼지 형태로 존재하는 것으로 추산됩니다.

그런 다음 가스와 먼지 속 여기저기에서 순전히 우발적으로 새로운 회오리가 일어납니다. 그러면서 새로운 물질의 매듭이 생기고, 다시 한번 중력을 통해 더 많은 물질을 안으로 끌어당기기 시작하면서 새로운 별이 태어나지요. 이런 나중 세대의 별들은, 첫 세대가 수소와 헬륨으로만 만들어진 것과는 달리, 탄소와 질소, 산소까지 포함하고 있습니다. 우리는 태양도 그런 나중 세대의 별이라는 사실을 압니다. 왜냐하면 우리가 이곳에 있기 때문이지요. 다시 말씀드리지만 바로 우리가 여기에 있기 때문입니다. 우리는, 우리가 아는 다른 모든 생명체와 마찬가지로 제가 앞에서 말한 네 가지 원소인 수소와 탄소, 질소, 산소로만 구성돼 있습니다. 자연에는 92가지 원소가 있지만, 우리가 아는 모든 살아 있는 유기체의 물질 99퍼센트는 이 네 가지 원소로 이뤄져 있습니다. 그리고 이것은 또 다른 이야기이긴 하지만, 저는 그렇게 되어야만 한다고 생각합니다. 그러니까 우주 어디에서든 생명이 일어나는 곳 어디든 그것은 주로 네 가지 원소로 구성되어 있다는 이야기입니다.

별이 죽음으로써 유기체가 살 수 있게 되었다는 사실은 제게 깊은 감동을 줍니다. 이 모든 것은 우리가 사는 우주 안에 존재하는 것들이 보여주는 심오한 적합성의 일부이지요. 아시는 바와 같이, 지구상의 모든 생명은 궁극적으로 태양 빛에 의존해 살아갑니다. 저 태양 빛의 원천도 제가 지금까지 이야기한 네 가지 원소 사이에서 일어나는 핵반응입니다. 생명의 성분도 같은 네 가지 원소가 분자의 형태로 한데 묶여 있는 것입니다. 별과 유기체도 모두가 네 가지 원소가 포함된 과정에 의존해 살아가고 있지요. 별은 다시 그 네 가지 원소의 핵반응에 의존해 살아가고, 유기체는 다시 전체 원자에 의존해서 살아갑니다. 별은 너무 뜨거워서 그 안에 있는 원자핵이 주변의 전자를 질서정연한 방식으로 끌어당기지 못합니다. 그런 일은 우주 안에서도 좀 더 찬 곳에서만 일어나지요. 바로 항성입니다. 이곳에서는 원자핵이 주변의 전자를 질서정연한 방식으로 끌어내지요. 덕분에 모든 원자를 만들어낼 수 있어서 전자들이 상호작용을 통해 분자 상태에 이를 수 있습니다.

분자는 우주에서 새롭게 생겨난 위대한 것입니다. 분자가 출현하기 전까지는 그 어떤 것도 모양이나 크기, 심지어 확정적인 위치와 운동조차 없었지요. 분자가 출현하기 전까지는 모든 것이 하이젠베르크의 불확정성 혹은 불확실성 원칙의 우주 안에 머물러 있었습니다. 소립자와 원자 들은 너무나 작아서 형태나 크기, 심지어 확정적인 위치와 운동도 가질 수가 없었지요. 이 모든 것은 분자들과 더불어서야 비로소 우주 안으로 들어오게 된 겁니다.

약 45억 년 전 우리 행성인 지구가 생겨나자마자 그 위에서 분자들이 형성되기 시작했습니다. 분자들은 얼마간의 시간을 거치면서 꾸준히 축적된 후 마침내 생명으로 이어졌지요. 바로 다음 시간에 이야기할 주제입니다. 그것은 장대한 이야기입니다. 제가 아는 한 가장 장대한 이야기이지요. 가장 경이롭고 가장 아름답고 가장 의미심장한 이야기입니다.

끝으로 한 가지 덧붙이고 싶은 말이 있습니다. 우리는 플라

톤과 칸트 같은 철학자의 엄청난 권위에 기대어 당연시하는 말을 자주 듣습니다. 그러니까 '물 자체', 사물의 본질 혹은 내적 실체는 영원토록 우리가 알 수 없는 상태로 남아 있을 수밖에 없다는 말입니다. 그런 말을 하는 사람들은 우리가 우리 우주의 바깥에 서 있어서, 마치 상점 진열장 앞에서 코를 유리에 박고 있는 아이처럼 안을 들여다볼 수는 있어도 들어갈 수는 없다고들 말합니다. 그렇지 않습니다. 우리는 우리 우주를 바깥에서뿐 아니라 안에서도 봅니다. 우리는 우주와 하나입니다. 우주의 성분과 우리의 성분, 우주의 역사와 우리의 역사가 하나라는 뜻입니다. 이런 깨달음에서부터 우리가 보는 것이 실재한다는 데 대한 어느 정도의 확신을 얻을 수 있다고 생각합니다.

2장

생명의 기원

THE ORIGINS OF LIFE

우리는 역사가 있는 우주에 살고 있습니다. 그리고 우주 역사의 일부를 이야기하며 살아갑니다. 왜 그럴까요? 얼마간 표류하는 세상에서 살아가는 우리로서는 우주 역사의 무언가를 앎으로써 강한 확신을 얻기 때문입니다. 우리가 살아가는 우주에 대해 이해할 수 있고, 의미가 있으며, 그 속의 것들이 서로 조화를 이루고 있다는 깨달음을 통해 큰 확신을 얻게 되지요.

우주의 역사에 출현한 분자들은 위대하고 새로운 것이었습니다. 제가 보기에는 실로 대단한 것입니다. 저는 과학자로서 인생의 대부분을 분자와 더불어 살아왔습니다. 분자는 좋은 동반자이지요. 저는 학생들에게 말합니다. "분자를 직관적으로 보려고 해보세요. 그런 자세로 분자에 관한 어떤 문제를 만나면 이렇게 자문해보세요. '만약 내가 분자라면 어떻게 할까?' 그러면 모든 답이 제대로 도출될 가능성이 큽니다." 저는 학생들에게 말합니다. "분자처럼 느끼려고 해보세요. 열심히 애쓰다 보면 언젠가는 덩치 큰 분자처럼 느낄 수 있게 될 겁니다."

지난번 강연 중에 우주 안에 있는 것들이 희한하게 서로 잘 들어맞는다는 사실을 이야기했습니다. 별들의 빛을 내는 성분이 별의 주변 행성에 사는 생명체도 낳고, 그런 다음 생명은 다시 빛에 의존해 살게 된다고 했지요.

그렇다면 이런 의문이 듭니다. 어떻게 해서 생명이 지구상에 출현하게 됐을까? 이것은 큰 질문입니다. 과학이 일반적으로 다루는 종류의 질문은 아닙니다. 과학의 물음은 보통 시작과 끝은 상관하지 않지요. 과학이 연구하는 것은 반복해서 일어나는 일입니다. 우리는 반복된 관찰을 통해 그것의 특성을 알아낼 수 있지요. 과학이 하는 일은 자연의 질서에 관한 것입니다. 그런 질서 속에 유일무이한 사건이 설 자리는 없습니다. 그런 사건은 언제나 비자연적이거나 초자연적이고, 마술이나 기적 같은 냄새를 풍깁니다. 하지만 인간은 언제나 궁극의 질문들을 줄기차게 던져왔습니다. 우리 서양의 전통을 보더라도, 생명의 기원에 관한 설명이 〈창세기〉의 첫 문단에 나옵니다. 셋째 날이 시작될 때 하나님이 생명을 창조하기 시작했다고 나오지요. 처음에는 녹색 식물들(다행히 넷째 날 태양을 만들었지요), 그다음에는 바다의 어류와 공중의 조류, 그다음에는 땅 위를 기는 생물들, 그런 식으로 창조를 계속해 나가다 마침내 맨 마지막으로 최고의 걸작인 여성을 만들었지요.

이것은 지구상에서 생명이 시작된 과정에 관한 이야기 중의 하나입니다. 초자연적인 창조 행위로 설명하는 것인데, 우리 전통 속에 깊이 각인돼 있고 많은 사람이 소중히 여기는 이야기이지요. 또한 생명 출현에 관한 종교적인 관점을 대표하는 것이기도 합니다. 하지만 어떤 점에서 이 이야기는 생명을 기술적인 산물로 본다고 말할 수 있습니다. 비록 생산의 주체가 신이기는 해도 말이지요. 저에게는 여러분께 소개하고 싶은 훨씬 웅장한 이야기가 있습니다. 앞의 내용과는 판이한 관점입니다. 그 이야기에 따르면, 역사적인 우주에서는 시간만 충분히 주어진다면 생명체가 아닌 물질이 '자연 발생적으로' 생명을 생산할 수 있습니다. 그것은 너무나 필연적인 것으로 자연의 질서와 진화하는 우주 물리학에 확고히 자리 잡고 있습니다.

이처럼 생명이 무생물에서 자연 발생적으로 생겨난다는 견해가 사실은 〈창세기〉에 나오는 아름다운 이야기와 단절된 것이 아니라는 점은 자못 진기합니다. 〈창세기〉의 첫머리에서 들려주는 이야기는 정확히 말하면 하나님이 생명을 만들었다는 것이 아니라, 하나님이 땅과 물로 하여금 생명을 '생산하도록' 지시했다는 뜻이기 때문입니다. 하나님의 지시가 땅과 물에 내려진 후에는 적어도 우리가 아는 한 철회된 적이 없는 상태에서 땅과 물이 그 후로 영원히 자유롭게 생명을 생산했다는 해석도 있지요. 이런 해석은 자연 발생이 뜻하는 것과도 정확히 일치합니다.

그렇다면 살아 있는 세포를 만들고 살아 있는 유기체를 만들기 위해서는 무엇이 필요할까요? 무엇보다도 우선 물이 필요합니다. 살아 있는 유기체의 비교적 단단하고 질긴 부분조차 대부분 수분으로 이뤄져 있지요. 가령 스테이크와 같은 동물의 근육도 5분의 4가 수분입니다. 유기체의 더 부드러운 부분에는 보통 수분이 훨씬 많이 들어 있습니다. 그 물 안에 일정한 염분이 녹아들어서 바닷물의 염분이 되지요. 그러니 묽은 바닷물에서부터 이야기를 시작하는 게 좋겠군요. 묽은 바닷물이라는 매개체에는 생명과 밀접한 관련이 있는 특별한 종류의 분자들이 있습니다. 우리가 '유기(organic)'라 부르는 것이지요. 이것은 거의 전적으로, 살아 있는 유기체의 부분 혹은 산물로만 발견되는 분자입니다. 주성분은 지난 강연에서 이야기한 네 가지 원소로 탄소, 질소, 산소, 수소입니다.

하지만 이 경우 우리는 곧바로 딜레마에 봉착합니다. 유기 분자가 충분하지 않은 상태에서 살아 있는 유기체를 생산한다는 것은 생각하기 어렵기 때문이지요. 방금 이야기했듯이 우리는 살아 있는 유기체의 산물이 아닌 유기 분자는 거의 알지 못합니다. 그러니 이것은 닭이 먼저인지, 달걀이 먼저인지를 묻는 오랜 질문과 같지요. 이 딜레마를 두고서는 진기한 혼동이 있었습니다. 살아 있는 유기체와 매우 심오하게 관련이 있는 유기 분자 역시 살아 있는 유기체에 의해 만들어진다는 사실을 과학자들이 알게 된 이후, 독일 화학자 프리드리히 뵐러가 1828년 처음으로 유기 분자인 요소(urea)를 합성해낸 겁니다. 그 후로 화학자들은 입버릇처럼 말하곤 하지요. "그때까지 우리는 유기 분자를 만들려면 살아 있는 유기체가 필요하다고 생각했지. 하지만 뵐러가 생명은 전혀 필수적인 게 아니라는 사실을 보여줬어. 유기 분자는 합성을 통해서도 만들 수 있다는 거지." 하지만 사실은 그런 생각이야말로 난센스입니다. 그것은 마치 뵐러라는 사람은 살아 있는 생명체가 아닌 것처럼 말하는 것과 같습니다. 말할 필요도 없이 뵐러는 살아 있는 생명체이지요. 유기화학자들도 단지 내적으로나 외적으로나 유기 분자를 만들어내는 호기심 많은 유기체 계층에 속할 뿐입니다. 사실상 모든 유기 분자는 살아 있는 유기체에 의해 만들어집니다. 여기서 살아 있는 유기체란 유기화학자들까지 포함하는 말입니다.

따라서 문제는 지구가 살아 있는 유기체를 낳기 전에 어떻게 유기 분자를 공급받을 수 있었느냐는 것입니다. 그리고 나중에 실험을 진행한 결과, 유기 분자는 지구상의 대기와 수분 속에서 일어나는 다소 평범한 지질학적 과정을 통해 생성될 수 있는 것으로 판명됩니다. 1950년대 초 젊은 연구자 스탠리 밀러가 그런 실험을 했고 곧바로 유명해졌습니다. 단 한 번의 실험만으로, 단순한 비유기적인 무생물의 과정을 통해 유기 분자를 얻는 것이 얼마나 어려운지, 혹은 얼마나 쉬운지에 대한 우리의 개념을 통째로 바꿔놓았지요. 이 실험에서 밀러는 밀봉한 유리 용기에 네 종류의 가스 혼합물을 넣고 순환시켰습니다. 여기서 가스 혼합물은 탄소 화합물 중에서 가장 단순한 메탄(CH_4)과 그 외 수소 가스(H_2), 물(H_2O), 암모니아(NH_3)입니다. 그는 이 가스 혼합물을 일주일 동안 전기 스파크에 통과시켰지요. 그리고 실험 마지막 날 실험 중에 단순한 형태의 메탄으로 실험한 탄소 화합물의 절반 이상이 엄청나게 다양한 유기 분자들로 바뀌어 있는 것을 발견했습니다. 여기에는 아미노산 25가지도 들어 있었지요. 이 중 일부는 단백질과 다른 유기산 그리고 다양한 종류의 분자를 만드는 데 관여하는 물질이었습니다.

왜 밀러는 실험에서 이 네 가지 가스를 선택했을까요? 거기에는 충분한 이유가 있습니다. 이 네 가스가 바로 지구 탄생 직후 대기 중에 가장 많이 존재했을 것으로 짐작되기 때문이지요. 당시에 그 가스들이 그만큼 흔했던 이유는 앞 장에서도 이야기했듯이, 새로운 태양과 행성이 형성될 때 주성분이 수소였기 때문입니다. 지금도 태양은 여전히 99퍼센트가 수소와 헬륨으로 구성돼 있지요. 다른 성분은 모두 합쳐도 전체 물질의 1퍼센트밖에 차지하지 않습니다. 따라서 스탠리 밀러의 스승인 해럴드 유리가 주장했듯이, 일반적으로 행성이 탄생한 초기에는 대기 중에 수소가 많았을 거라고 추정합니다. 수소가 남아 있는 한, 다른 원자들은 수소와 결합하는 경향이 있습니다. 즉, 산소와 결합해 물(H_2O)이 되고, 질소와 결합해서는 암모니아(NH_3)가, 탄소와 결합해서는 메탄(CH_4)이 되는 식이지요. 주로 이 네 가지 가스가 거의 모든 행성의 원시 대기를 구성합니다. 지구의 초창기 대기 역시 그랬을 것으로 믿습니다.

이때 대기는 중력을 받아 지구 상층에 머물러 있습니다. 하지만 좀 더 가벼운 가스는 태양의 방사선, 이른바 태양풍에 날려 계속해서 지구 밖으로 새나가지요. 가스 중에서 가장 가벼운 것이 수소입니다. 그래서 가장 먼저 잃게 되지요. 수소가 빠져나가면서 대기는 서서히 변하기 시작합니다. 무거운 가스들의 비율이 점점 커지지요. 이번에는 앞에서 말한 원소들이 서로 결합합니다. 때로는 같은 원소끼리, 때로는 다른 원소와 결합하지요. 그렇지만 수소와의 결합은 더는 일어나지 않습니다. 따라서 이 단계에서는 지금과 같이 질소는 주로 질소 가스(N_2)로만, 탄소는 일산화탄소(CO)와 이산화탄소(CO_2)로만 존재합니다. 그런 변화가 수십 억 년 전 지구 대기에서 일어났습니다. 스탠리 밀러가 사용한 네 가지 가스 이 외 것들을 전부 사용해 지금까지 모두 20가지의 다른 조합으로 동일한 실험을 해보았지만 결과는 한결같았습니다.

그러니까 바로 지구의 원시 대기 중에서 일어난 가스 결합에서 유기 분자의 구성 단위가 나온 거지요. 주로 대기 상층부에서 번개 방전과 태양에서 온 자외방사선으로 촉발된 반작용을 통해 생성된 겁니다. 유기 분자는 오랜 시간에 걸쳐 서서히 지속적으로 형성되면서 대기 중에 있던 것이 대양 속으로 침출된 결과, 바다에는 점점 더 다양한 종류의 유기 분자가 누적됐습니다. 바닷물에 녹아 있던 분자들은 서로 충돌하면서 상호작용이 일어났고, 그와 더불어 다양성은 계속 증가했지요. 이 중 일부는 결합해서 더 큰 분자 덩어리가 되기 시작했고, 바위와 점토 표면에 달라붙기도 했지요. 어떤 것은 새로운 동시에 점점 더 큰 유기 분자가 되었습니다. 그런 식으로 새로운 유기 분자들이 출현하고 크기도 점점 커졌지요. 대형 유기 분자의 움직임은 느려지면서 바닥에 달라붙는가 하면, 가끔은 서로 충돌해 들러붙어 분자 집합체가 되었습니다. 러시아 생화학자 알렉산드르 오파린은 바로 이런 분자 집합체 단계에서 이미 자연선택이 시작됐다는 의견을 제시한 바 있습니다. 이 중 유기 분자의 합체가 심화하는 과정에서 일부는 구성이나 조직 면에서 유리하고 효율적인 집합체가 결국 다른 것들을 도태시키고 번성했다는 거지요.

그리고 어느 시점엔가 바닷물 속 어느 한 곳 혹은 여러 곳에서 수 차례에 걸쳐 유기 분자의 복합 집합체가 우리가 생명으로 인정할 만한 수준의 조직화에 도달한 것으로 보입니다. 그런 일이 지구상에서 일어난 것은 약 30억 년 전쯤인 것 같습니다. 그렇게 생명의 거점이 마련된 후 최초의 유기체는 진화라고 하는 웅장한 사업에 나섰던 거지요.

생명이 처음 출현한 후에는 다음 문제가 기다리고 있었습니다. 초기 원시 유기체가 어떻게 살아남을 수 있었느냐는 거지요. 생명은 정적인 현상이 아닙니다. 살아 있는 유기체는 물질과 에너지의 지속적인 흐름 속에 있으며 이것이 생명을 구성합니다. 그런 흐름을 멈추면 유기체는 최소한 수면 상태에 있거나 죽어 있을 가능성이 큽니다. 이제 우리는 아주 대단히 중요한 문제를 생각해볼 지점에 이르렀습니다. 유기 물질의 수프 안에서 유기체가 발현한 후 대기 중에 산소가 없는 조건에서도 살아남는 방법은 오직 한 가지였습니다. 즉, 발효입니다. 루이스 파스퇴르가 '혐기성 생명'이라고 불렀던, 산소 없이 증식하는 생명을 말합니다. 최초 유기체의 과제는 살아가는 데 필요한 에너지를 산소 없이 어떻게 확보하느냐는 것이었는데, 발효를 통해서만 해결할 수 있었던 거지요. 유기체는 발효 과정에서 유기분자(당분)를 취합니다. 아무것도 더하지도 빼내지도 않은 채 분자의 원자만 재배열해 소량의 에너지를 낸 다음 그것으로 살아가지요.

당분은 다소 작은 유기 분자입니다. 화학식은 $C_6H_{12}O_6$이지요. 탄소 원자 6개, 수소 12개, 산소 6개로 구성됩니다. 우리에게 가장 익숙한 발효 현상은 효모균이 일으키는 것입니다. 당분에 효모균을 넣으면 에틸알코올 분자 2개와 이산화탄소 2개로 분리되지요. 이때 이산화탄소가 나온다는 사실을 잊지 마시기 바랍니다. 잠시 후에 다시 이야기할 거니까요. 효모균이 발효를 일으키는 것은 원래 당분을 제거하거나 알코올을 만들기 위해서가 아닙니다. 약간의 에너지를 얻기 위해서이지요. 발효를 통해 당분 180그램으로 약 2만 칼로리에 이르는 유용한 에너지를 뽑아낼 수가 있습니다.

발효의 문제점은 장기적으로는 지는 게임이라는 겁니다. 앞에서 말한 최초의 유기체는 유기 분자 수프에서 생성된 후에도 유기 분자에 의존할 수밖에 없어 그것을 삼키기 시작합니다. 하지만 분명히 이런 과정은 결국에는 바닥이 날 수밖에 없습니다. 마치 우리 인류가 얼마 전 과거 오랜 시간에 걸쳐 축적된 화석 연료를 먹어치우기 시작해 이제는 막바지에 이르기 시작한 것과 같지요. 과거 오랜 시간 동안 쌓인 유기 분자의 축적물을 소비하는 그런 유기체는 결국에는 고갈 상태에 이르고 맙니다. 그렇게 됐다면 생명은 종말에 이르렀을 것이고, 전 과정은 처음부터 다시 시작돼야 했겠지요. 다행히도 그런 일이 일어나기 전에 유기체는 발효의 부산물로 생성되어 대기 중에 점점 많아진 이산화탄소와 주변의 수분을 이용해 새로운 과정을 개발해냈습니다. 바로 광합성입니다. 유기체는 광합성을 통해 물 분자 6개로 이산화탄소 분자 6개를 낚아챈 후 태양의 빛 에너지를 이용해 당 분자 하나와 함께 최고로 이로운 부산물인 산소 가스 분자(O_2) 6개를 만들어냅니다. 이 산소에 대해서는 잠시 후에 다시 이야기하겠습니다.

광합성은 아마도 지구상 생명의 역사에서 단일 사건으로는 가장 대단한 것이었습니다. 광합성을 통해 유기체는 이제 독립적인 역사를 써나가게 되었지요. 그전까지는 전적으로 오랜 유기 분자의 축적물에만 의존했다면, 이제는 태양 빛을 사용해 자신의 유기 분자를 만들 수 있게 된 것입니다. 더불어 지구상에서 자신의 미래를 보장받게 되었습니다.

그때 생겨난 부산물이 바로 산소였습니다. 유기체는 광합성을 통해 대기 중에 산소를 뿜어내고 그 산소를 이용해 자신이 만들고 있던 새로운 유기 분자인 당분을 연소할 수 있게 된 겁니다. 그러니 유기체로서는 살아갈 또 다른 방법을 발명해낸 거지요. 바로 우리가 호흡이라고 부르는 겁니다. 호흡은 단순한 연소의 한 유형입니다. 유기 분자가 산소와 함께 타는 거지요. 마치 성냥으로 당분에 불을 붙여 태우는 것과 같습니다. 그와 똑같은 방식으로, 하지만 낮은 온도에서 유기체는 빛과 열을 내는 대신 살아가는 데 필요한 에너지를 만들어냅니다. 이런 호흡 과정을 통해 유기체는 같은 양의 당분을 발효로 얻어낼 수 있는 유용한 에너지의 20배 정도를 얻어냅니다. 그러니 호흡은 유기체로서는 엄청난 해방이었지요. 살아 있는 세포가 알아낸 첫 번째 생존 방식인 발효는 지금도 신진대사의 기본 형태로 남아 있습니다. 불과 극소수의 살아 있는 세포만 발효하는 법을 잊었을 뿐이지요. 하지만 지금까지 대부분의 유기체는 산소에 접근할 수 있게 되면서 생존 방식으로 발효 외에 호흡도 추가했습니다. 순전히 발효에만 의존해서 살아가는 방식을 고수한 유기체 중에는 지금까지 번성한 것이 없습니다. 발효도 생존의 방식이긴 하지만 삶의 방식으로는 보잘것없지요. 많은 양의 당분을 사용하고도 아주 적은 에너지를 생산할 뿐이니까요. 반면에 호흡은 대단한 양의 잉여 에너지를 만들어냅니다. 바로 그 잉여를 자원으로 진화의 대사업이 펼쳐질 수 있었던 거지요.

광합성의 부산물인 산소는 유기체에 또 다른 대단히 중요한 일을 했습니다. 태양 빛에는 단파인 강한 자외방사선이 포함돼 있는데 이것은 생명과는 양립할 수 없습니다. 모든 살아 있는 유기체를 죽이기 때문이지요. 심지어 단백질과 핵산의 핵심 구조까지 파괴합니다. 그토록 강한 자외선이 지구에 도달하는 한 유기체는 수중에만 머물러 있어야 했지요. 하지만 광합성의 부산물로 대기 중에 퍼져 있던 산소의 일부는 다시 태양 빛을 받으면서 활성화해 오존으로 변했습니다. (산소의 분자식은 O_2, 오존은 O_3이지요.) 오존은 지구의 대기 중에서도 높은 곳에 있어서 강한 자외선이 지구에 도달하는 것을 막아줍니다. 하지만 양이 많지는 않습니다. 대기 중의 오존은 다 합쳐도, 1기압에 섭씨 0도로 압축하면 겨우 3밀리미터 두께의 얇은 층에 불과합니다. 그렇지만 그 정도로도 단파 자외선이 지구에 이르는 것을 막는 데는 충분합니다. 이런 얇은 오존층이 형성되고 나서야 비로소 유기체는 수중 밖으로 나와 지상과 공중에서도 번성할 수 있게 된 거지요.

이것이 지구에서 생명이 시작된 과정입니다. 그 후로 생명은 지금까지 계속해서 수가 불어나고 다양해지면서 살아가는데 필요한 적절한 물질과 에너지원만 발견할 수 있는 곳이라면 어떤 틈새와 갈라진 틈이든지 다 채웠지요. 이처럼 생명은 지구상에서 번성하는 과정에서 대단히 중요한 방법들을 사용하며 변화해왔습니다.

일반적으로, 심지어 생물학자들조차 물리적 환경을 주어진 고정된 것으로 여기고, 생명은 어떻게든 자신을 고정된 환경에 맞춰야 하는 것으로 생각하는 경향이 있습니다. 생명은 환경이 연주하는 선율에 적응해야 하고 그것에 맞춰 춤을 추거나 죽어야 하는 것으로 생각합니다. 하지만 이제 우리는 전혀 그렇지 않았다는 것을 압니다. 지구상의 물리적 환경의 가장 중요한 측면 중 어떤 것은 살아 있는 유기체의 작품입니다. 그중 한 가지를 이미 여러분에게 이야기했지요. 대기 중의 모든 산소는 식물의 광합성을 통해 방출되는데, 식물과 동물의 호흡에 사용되면서 2000년마다 한 번씩 완전히 재생됩니다. 2000년은 지질학적 시간으로 보면 고작 하루 정도에 불과합니다. 이산화탄소는 훨씬 더 신기합니다. 대기와 지구상의 모든 수중에 녹아 있는 이산화탄소는 광합성을 거쳐 식물과 동물의 호흡을 통해 방출되는데 300년마다 한 번씩 완전히 재생되지요. 가장 신기한 것은 물입니다. 지구상의 모든 물은 광합성에 사용된 후 식물과 동물의 호흡을 통해 방출되는데 200만 년마다 한 번씩 완전히 한 바퀴를 돌아 재생됩니다. 200만 년도 지질학적 시간으로는 긴 게 아닙니다. 따라서 우리는 지구의 표면과 대기 전부가 살아 있는 것들의 신진대사에 관여하고 있으며, 그 과정을 통해 완전히 변해왔다는 사실을 알 수 있습니다.

사람들은 생명을 제대로 평가하지 않습니다. 생명을 신참자로 생각합니다. 우주의 신입생이자 지구의 신입생, 연약하고 덧없는, 저 영원한 별들에 비하면 순간에 지나지 않는 존재로 생각하지요. 하지만 그렇지 않습니다. 별은 크기가 클수록 자신의 수소를 빨리 연소합니다. 그래서 수명도 짧습니다. 주계열 상태의 성숙기도 짧지요. 우리 태양은 60억 년 전쯤에 성숙기에 이르러 주계열 상태로 들어갔습니다. 앞으로 60억 년을 더 살 수 있습니다. 하지만 질량이 태양의 두 배인 별은 주계열 상태에서 20억 년 정도밖에 살지 못할 겁니다. 지구상에서 생명이 존재해온 기간보다도 짧은 시간입니다. 생명은 약 30억 년 전부터 지구상에 존재하기 시작했지요. 그 후로도 많은 별이 태어나고 죽었습니다. 질량이 우리 태양의 25배인 별(그런 별은 존재합니다)의 수명은 300만 년 정도밖에 되지 않을 겁니다. 아주 짧은 시간이지요. 지구상에서 인류와 비슷한 종이 걸어 다닌 기간이 그 정도입니다. 어떤 별들은 인류와 유사한 종이 지구상에서 걷기를 시작한 후에 태어났다가 죽기도 했습니다. 이쯤에서 저는 질량이 태양의 절반 정도인 별은 주계열 상태의 수명이 약 500억 년이라는 사실을 덧붙여야 할 것 같습니다. 500억 년. 그것은 약속으로 가득한 시간일 겁니다. 지구와 더불어 우리에게 할당된 시간이 고작 100억에서 120억 년 정도에 불과하다는 점을 생각하면 그렇습니다.

생명은 위대한 것입니다. 언제 어디서든지 출현하기만 하면 그렇습니다. 생명의 효과는 막대합니다. 별과 겨뤄도 손색이 없지요. 실로 모든 것, 질량을 제외한 모든 특질을 가지고 있습니다. 질량을 과대평가하지만 않는다면 생명은 존재하는 것만으로도 충분히 존귀합니다. 이 이야기 전체의 요점은 생명의 기원이라는 이 사실 같지 않은 현상을 자연의 질서 속에서 이해하도록 하는 것이었습니다. 다시 말해, 조건이 허락하고 시간만 충분히 주어지면 어느 곳에서든 일어나기 마련인 반복적인 사건 중 하나로서 생명의 기원을 설명하는 것이었지요. 그 조건이란 무엇일까요? 제가 볼 때는 아주 명확합니다. 생명이 출현하려면 지구와 비슷한 크기와 온도를 갖춘 행성에다 태양에서 오는 것과 비슷한 양과 질의 방사선을 받기만 하면 됩니다.

그런 행성의 수는 얼마나 될까요? 우주는 광대합니다. 그 일부만 해도 거의 상상할 수 없을 정도로 막대하지요. 가령 우리의 고향인 '우리 은하'만 해도 가까이에 아늑한 작은 해협이 있습니다. 하지만 우리 은하의 끝에서 끝까지 가로지르는 데는 초속 약 30만 킬로미터의 빛의 속도로도 10만 년가량이 걸립니다. 세계 인구가 약 35억 명에 이르면서 많은 사람은 지구가 붐빈다고 느끼기 시작했습니다. 하지만 우리 고향인 우리 은하에는 태양과 같은 별이 약 1000억 개가 있습니다. 그중에서 생명체가 살 수 있는 행성을 거느리고 있을 것 같은 별의 수를 추정한 수치 중 가장 낮은 것이 1퍼센트입니다. 1000억 개의 1퍼센트이면, 우리 은하에서만 10억 개의 행성이 있다는 뜻이지요. 게다가 우리 은하는 그저 일반적인 평범한 은하일 뿐이고, 그런 은하는 지구의 10억 광년 반경(우리가 보유한 가장 강력한 망원경의 가시 범위) 안에 약 10억 개나 있습니다. 따라서 아주 보수적으로 추산해도 이미 관측된 우주 안에서 생명체가 살 수 있는 행성의 수는 10억×10억 개에 이릅니다. 그 모든 곳에 생명체가 사는 것은 아닐 겁니다. 왜냐하면 어떤 곳은 시간이 충분히 경과하지 않았을 수 있기 때문이지요. 하지만 그중 다수는 틀림없이 생명체가 존재할 것입니다. 여기서 중요한 사실을 깨닫게 됩니다. 우리는 생명체가 거주하는 우주 안에 살고 있으며, 이곳은 생명체가 존재하는 아주 많은 행성 중 하나라는 사실입니다.

만약 여러분이 수소나 질소 혹은 방사선 같은 것으로 우주를 출범시킨다면, 시간만 충분히 지나면 생명은 출현할 것입니다. 이것은 자연의 질서에 속합니다. 출현한 생명은 진화를 시작하겠지요. 진화 역시 자연의 질서에 속합니다. 생명은 자연의 질서에서도 상위를 차지합니다. 우리가 아는 한, 생명은 우리 우주에서 물질이 이룩한 조직화 중에서 가장 복합적인 상태를 대표하지요. 그리고 이곳 우주의 한구석에서 오랜 여정을 거쳐 거대한 진화가 진행됐습니다. 즉, 이전 세대의 죽어가는 별의 심층 내부에서 만들어진 것이면서, 영겁의 시간 동안 우주의 모든 구석에서 모여든 물질이 마침내 생명체를 이루어 이제는 자기 자신을 관조하고 이곳에서 우리가 질문을 던지기에 이른 것입니다.

드디어 우리는 인간에 대해 물어야 할 차례입니다. 무언가를 아는 동물, 창조하는 동물, 과학과 예술을 구현하는 동물 말입니다. 다음 장에서 이야기하려는 주제입니다.

3장

인간의 기원

THE ORIGIN OF MAN

우리는 긴 여행을 하고 있습니다. 중요한 것은 이 여행이 무엇인지 알고, 무엇을 의미하는지 묻는 것입니다. 우주는 조직 상태가 위계를 이루고 있는 것처럼 보입니다. 물질은 언제나 동일하지요. 다른 것은 조직입니다. 조직이 점점 복잡해지면서 새로운 특성이나 특질이 출현하지요. 우리의 관심사는 바로 그런 특질입니다. 조직 상태의 위계는 소립자와 함께 시작되지요. 그런 다음 원자, 그다음 분자, 그다음 살아 있는 유기체, 그다음 식물과 동물, 그다음이 사회입니다. 이것은 또한 우리의 역사적 우주에서 시대를 거치면서 차례로 등장해온 계승의 질서이기도 하지요.

우리 은하는 100억 년에서 200억 년 전에 형성됐습니다. 다른 은하와 다를 게 없지요. 이런 은하는 가장 강력한 망원경으로 관찰된 것만 꼽아도 이미 10억 개쯤에 이릅니다. 태양이 형성된 것은 약 60억 년 전이지요. 태양과 같은 별도 많습니다. 우리 은하에만도 그런 별이 약 1000억 개가 있지요. 지구는 약 45억 년 전에 지금과 같은 모습을 띠게 되었습니다. 지구와 비슷한 행성도 많습니다. 생명이 지구에 출현한 것은 약 30억 년 전이지요. 우주의 다른 많은 곳에서도 그런 일이 있었을 겁니다. 아마 우리 은하에만도 그런 행성이 10억 개는 될 겁니다. 그런 다음 200만 년 전쯤 인간은 지구의 땅 위를 걷기 시작했습니다. 우리 자신이 우리의 이야기 속으로 들어오기 시작한 거지요. 인간의 출현입니다. 우주의 거대한 역사에서 인간의 출현은 역사의 일부이기도 하지만 일종의 정점이기도 합니다.

약 400년 전 윌리엄 셰익스피어로 조직된 분자 모음은 『햄릿』을 썼지요. 그 뒤 약 100년 후에 아이작 뉴턴으로 조직된 또 다른 분자 모음은 『자연철학의 수학적 원리』를 썼습니다. 그런 다음, 약 150년 전에는 루드비히 판 베토벤으로 조직된 또 다른 분자 모음이 〈9번 교향곡〉을 작곡했습니다. 제가 이렇게 표현하는 것은 인간을 비하하려는 게 아닙니다. 분자를 찬양하기 위해서입니다. 분자 모음이 『햄릿』을 쓰는 것을 보면, 분자가 적절히 조직되기만 하면, 즉 윌리엄 셰익스피어로 조직되면 무엇을 할 수 있을지를 보여줍니다. 이제 우리는 화학을 좀 더 알게 된 셈입니다.

이런 현상을 어떤 사람들은 더 고상한 관점에서 이해할 수 있다고 생각하지요. 저로서는 신기한 일입니다. 사람들은 일반적으로 인간이 음식물을 먹고 소화하는 과정은 생물학과 화학의 원리로 설명할 수 있다고 인정합니다. 또 인간이 몸을 움직이는 것은 약간의 물리학과 좀 더 많은 생화학의 원리로 설명할 수 있다고 생각하지요. 배설물을 분비하는 것도 화학자들과 생리학자들이 설명할 수 있다고 생각합니다. 하지만 같은 사람이 소네트를 쓰면 이렇게 말하고 싶은 충동이 일지요. "아! 그건 다른 문제입니다. 더 높은 차원의 뭔가에서 나오는 거지요. 그것은 몸이 아니라 영혼이 작동하고 있는 겁니다." 하지만 그런 식의 설명은 전체 이야기를 망쳐놓습니다. 마치 인간이 라디오와 같은 것이라는 뜻이 되기 때문이지요. 즉, 인간 역시 외부에서 메시지를 받는 수신기이면서, 자신의 것이 아닌 뭔가를 내보내는 존재라는 말이 됩니다. 하지만 소네트 역시 인간 자신의 것입니다. 우리 몸의 소화계 효소나 근육의 움직임과 마찬가지로 인간에게서 나오는 것이지요. 다만 아주 오랜 시간이 걸렸을 뿐입니다. 수소가 있는 우리 은하와 같은 우주에서 시작해 충분한 시간만 주어지면 어느 곳에선가는 결국 분자가 생성되고 살아 있는 유기체가 출현하게 됩니다. 이어서 살아 있는 유기체가 진화하고 다음에는 인간과 같은 존재가 출현하고 소네트를 지을 수 있게 되지요. 이 모두가 하나의 세계인 것입니다.

세계가 점점 기술적으로 변해가다 보니 사람들은 설계된 것처럼 보이는 것은 모두 기술에서 나온 것으로 생각하는 경향이 있습니다. 자동차를 보고는 "누가 만들었지?"라고 묻습니다. 그러면 "제너럴 모터스" 혹은 "크라이슬러" 혹은 다른 무엇이라는 답이 돌아오지요. 냉장고를 보고도 "그건 누가 만들었지?" 라고 묻습니다. 그러면 "프리지데어" 혹은 "제너럴 모터스" 혹은 다른 무엇이라는 답이 돌아오지요. 마찬가지로 인간을 보고도 이렇게 묻습니다. "사람은 누가 만들었지?" 그러면 간혹 "하나님"이라고 답합니다. 하지만 사실, 세계가 우리에게 나타나는 모습을 보면 서로 판이한 두 과정을 통해 설계가 이뤄집니다. 그 두 가지란 기술적인 과정과 생물학적인 과정, 즉 제가 선호하는 표현으로는 유기적인 과정입니다. 이 두 과정은 서로 완전히 다릅니다. 사실상 거의 정반대이지요. 특히 지금처럼 혼돈의 시기에는 우리가 다루고 있는 문제가 주어진 두 경우 중 어디에 해당하는지 식별하는 것이 대단히 중요합니다.

기술적 설계는 구체적인 요건의 설계명세서(specification)를 가지고 시작합니다. 먼저 설계명세서를 작성하고 난 후에 그것을 가능한 방법으로 달성하려고 하지요. 하지만 유기적 설계는 설명서가 없습니다. 종류가 완전히 다른 과정입니다. 100여 년 전 찰스 다윈이 그 과정의 특징을 파악하고는 '자연 선택'이라 불렀지요. 그 과정의 구성 요소는 모두 세 가지입니다. 변이와 유전 그리고 다윈이 '생존 투쟁'이라 부른 것입니다. 유기체는 변이와 돌연변이 그리고 온갖 종류의 개체 차이가 발생하게 돼 있습니다. 어떤 것은 이롭고 어떤 것은 불리하지요. 어떤 변이는 후대 유기체에 물려주기도 합니다. 대물림의 과정은 생물학적 유전적일 수도 있고, 사회생활을 하거나 새끼와의 결속 기간이 긴 동물의 경우에는 학습된 행동을 전수하는 방식을 취하기도 하지요. 우리가 문화유산이라고 부르는 것입니다.

대물림의 구체적인 사례를 두고 유전적인 것인지 문화적인 것인지 판정하기란 대단히 어렵다는 말을 덧붙여야만 하겠습니다. 두 가지는 매우 많이 닮았기 때문입니다. 가령 어떤 연구자들은 통계적으로 볼 때 흑인이 백인보다 지능이 낮게 나타난다면서 이것이 유전 때문이라고 주장해왔습니다. 제 경험상으로는 분명히 틀린 주장입니다. 교수인 제가 볼 때 흑인 학생 수는 점점 많아지고 있을 뿐 아니라 학업 성적도 뛰어납니다. 하지만 어떤 테스트 결과를 보면 통계적으로 흑인이 평균적으로 지능이 낮게 나온다고 이야기를 합니다. 여기서 문제는 그 연구가 무엇을 측정했고 그것이 실제로 유전적인 것이냐는 것입니다. 우리 중 다수는 그 연구에서 측정한 것이 무엇이었든 간에 절대 확실하지 않습니다. 유전적인 원인이라기보다는 오히려 사회적인 것이라는 생각이 듭니다. 즉, 본성이 아니라 양육의 문제라는 거지요.

그러니까, 자연 선택의 문제는 세 가지 요소로 구성됩니다. 변이, 물리적 혹은 문화적 대물림의 메커니즘 그리고 경쟁적이고 선택적인 요인인 '생존 투쟁'입니다. 장기적으로 볼 때, 생명체의 개체군은 동식물 할 것 없이 모두 자신들이 가진 자원의 수준 이상으로 수가 늘어나기 시작합니다. 그때 생명체들은 필요한 자원을 두고 서로 경쟁하는 상황에 내몰리지요. 그 투쟁, 그 경쟁에서 좀 더 나은 개체는 살아남고 열등한 것은 도태됩니다. 이 과정을 다윈은 '적자생존'이라 불렀지요. 이 과정에는 설계도도 미리 정해진 설계도 없습니다. 그러니 설계자도 있을 리 없지요. 이 과정은 저술보다는 편집의 과정입니다. 이런 식의 표현을 좋아하는 사람이라면, 우리를 있게 한 이를 두고서도 위대한 저자라기보다는 위대한 편집자라고 부르는 것이 더 정확할 것입니다.

언뜻 보기에 이 유기적 설계의 과정은 느리고 비효율적인 데다, 우리가 기술적 설계에 관해 아는 것과 비교하면 낭비하는 것 같습니다. 하지만 잘 생각해봐야 합니다. 인간을 포함한 모든 유기체가 그런 과정을 통해 나왔기 때문이지요. 심지어 살아 있는 가장 단순한 유기체조차 바뀐 조건에 적응하는 데는 가장 복잡하고 정교한 기계보다 훨씬 더 유연합니다. 보다 현대적인 가치로 설명하자면 훨씬 더 고도로 소형화돼 있다는 말이지요.

가끔 저는 인간 진화가 아직도 계속되고 있는지, 그렇다면 어떤 방향으로 가고 있는지 질문을 받을 때가 있습니다. 저는 우리가 아직도 진화하고 있다고 확신합니다. 인류는 생존하는 한 계속 진화할 것입니다. 하지만 진화의 방향이 어디로 향하는지에 관한 이야기를 듣고 싶다면 저보다 과감한 사람에게 물어보는 게 나을 것입니다. 다만 위험을 무릅쓰고라도, 그 문제에 관해 좀 사소한 내용이긴 하지만 몇 마디만 해볼까 합니다. 인간이 꼬리를 잃은 것만 해도 아주 최근의 일입니다. 실제로 우리의 뼈대를 보면 아직도 꼬리의 흔적인 꼬리뼈가 남아 있지요. 또 발가락도 퇴화하고 있는 것처럼 보입니다. 한때는 거머쥐는 동작에 뛰어나서 아주 유용했지만, 이제는 장식적인 가치밖에 없지요. 만약 우리가 앞으로 다가오는 수년 사이에 일을 그르쳐서 다시 나무 위로 올라가야 하는 상황이 일어난다면 발가락의 퇴화는 우리에게 심각한 곤란으로 다가올 것입니다.

인간의 기원을 진화적 관점에서 설명하는 것을 두고, 설계자가 아무리 하나님이라 해도 인간을 기술적 산물(피조물)로 보는 것보다 존엄성이 떨어진다고 여기는 사람들을 보면 의아합니다. 제가 보기에는 진화적 관점이 훨씬 고상하니까요. 진화의 과정은 너무나 오랜 시간이 걸린 데다, 너무나 많은 것이 그 속에 들어갔고, 우주의 전 역사와 결부돼 있기 때문입니다. 그것은 제가 아는 가장 감동적이고 경이로우며 고상한 이야기입니다.

다윈은 자연 선택 안에서 우주의 원리를 파악했다고 인정했지요. 그리고 진화에 관한 자신의 두 번째 책인 『인간의 유래』에서 그 원리를 모든 종류의 인간 및 사회 현상에 주저 없이 적용합니다. 여기에는 인간 윤리부터 미학, 국가 간 전쟁, 문화 경쟁에 이르기까지 다 포함되지요. 자연 선택이 사회 영역에서 작동하는 사례를 하나 들어볼까요. 여러분 모두가 아시다시피 영국은 성문 헌법이 없습니다. 영국인은 헌법을 명문화한 적이 없지요. 나중에 미국이 된 신대륙의 사람들은 거친 개척 상황에 직면해 불안 속에서 헌법을 명문화했습니다. 그 후로도 많은 갈등을 겪었지요. 하지만 그 성문 헌법, 즉 미국의 근본법이자 캐나다와 영국 및 다른 많은 나라의 근본법의 기저를 이루고 있는 것은 영국 보통법(Common Law, 영국에서 발달한 일종의 관습법 - 옮긴이)의 장엄한 구조입니다. 보통법은 진정한 유기적 구조로 되어 있습니다. 수 세기에 걸친 경험과 모든 실험, 모든 유의 절차 중에서 좀 더 나은 것은 유지하고 나쁜 것은 버리는 과정을 거쳐 구축된 전통과 선례의 체계이지요. 이것은 생물학적인 처리 방식입니다. 로마법이라든가 그 위에 기초한 독일법, 나폴레옹법, 그와 유사한 법제와 같이 설계도에 따라 작성된 기술적 법체계와는 대조를 이루지요.

정치 영역에서 자연 선택에 가장 가깝게 구현한 작동 원리라고 한다면 민주주의일 것입니다. 민주주의의 필수 요소는 개방성이지요. 민주주의가 제대로 작동할 때는 실험에 끝이 없습니다. 즉, 모든 것을 시도해보면서 조금이라도 나은 것은 유지하고, 나쁜 것은 버리는 일을 계속합니다. 우리의 과제는 민주주의를 그 정도까지 달성하는 것입니다. 그렇게만 할 수 있다면, 저는 우리 세대를 그토록 매료시킨 공산주의나 파시즘 유토피아처럼 계획된 사회와 같은 기술적 체계보다 민주주의를 훨씬 선호할 것입니다.

나아가 한 가지 더 말씀드리고 싶은 것이 있습니다. 획일성은 진화에 아무런 도움이 되지 않는다는 것입니다. 획일성은 진화의 죽음이자 모든 발전의 죽음입니다. 절대적으로 진화는 변이와 개체의 차이가 끊임없이 분출하는 데 달려 있습니다. 이것이야말로 관용을 옹호하는 제가 아는 최고의 변론입니다. 하지만 관용만으로는 충분치 않습니다. 관용은 단지 소극적인 차원의 대응일 뿐이지요. 변이와 차이가 중요하고, 그것에서 모든 발전이 나온다는 사실을 안다면 자연스럽게 관용 이상의 것을 행해야 한다는 것도 깨닫게 됩니다. 변이와 차이는 귀중한 것이어서 육성하고 개발해야만 합니다. 그것은 진화와 민주주의의 작동에 핵심적이며, 모든 진정한 사회적 정치적 진보의 원천입니다.

과학을 공부하기 시작한 후로 줄곧 들어온 이야기가 있습니다. 과학은 윤리적으로 중립적이며, 선악이나 옳고 그름과는 무관하다는 말이지요. 또 과학은 무엇이 존재하는지에 관심이 있지, 어떠해야 하는지에는 관여하지 않는다는 말입니다. 저는 그런 말이 과학과 윤리 모두를 피상적으로 보는 견해라고 생각합니다. 우리의 윤리 원칙은 주로 정언명령으로 표명된 공리의 형식으로 제시되지요. 그런 원칙에서는 "내가 선 곳은 여기입니다. 달리할 수 없습니다"라고 했던 마틴 루서의 말과 같은 강력한 힘이 느껴집니다. 그런 말은 순전히 자의적인 언명 같습니다만 잘 따져보면 그런 것만은 아닐 수도 있습니다. 모든 문화는 근본적인 확언을 기반으로 살아남거나 소멸합니다. 잘못된 확언을 선택하는 경우 어떤 사회도 오래 살아남을 수 없지요. 우리 문화 속의 십계명을 한번 볼까요. 앞의 네 계명은 유대-기독교 신앙의 신조입니다. 다른 신앙에서는 내용이 다를 수 있습니다. 하지만 나머지 여섯 계명은 그렇지 않습니다. 이 계명들은 우리처럼 멀리 떨어진 사회에서도 공통으로 지키는 준칙들입니다. 저는 간혹 그 계율의 지시를 뒤집어보는 놀이를 해본 적이 있습니다. 십계명을 거꾸로 뒤집어보면 이렇습니다. "살인하라, 간음하라, 도둑질하라, 거짓말하라, 네 이웃의 아내와 소유물을 탐하라." 그리고 특히 우리 시대에 적실한 것은 이것입니다. "네 부모를 무시하라."

십계명을 뒤집은 말들을 다시 한번 보세요. 우리와 비슷한 사회라면 어디든지, 그것을 윤리 준칙으로 삼았을 때는 생존할 수 없다는 것을 깨닫게 될 것입니다. 그렇습니다. 그 계율은 그대로여야 합니다. 설령 여러분이 완전히 다른 시대, 완전히 다른 문화권으로 가더라도, 가령 불교나 힌두교, 조로아스터교, 혹은 다른 어떤 종교를 믿는 사회에 가더라도 이 점에 대해서는 다툼의 여지가 없을 겁니다. 그들도 꾸려가야 할 사회가 있고, 그러기 위해서는 마지막 여섯 계명은 지켜야만 하기 때문이지요. 바로 그런 현실적인 필요성에서 계율의 진정한 구속력이 나오는 것뿐이지 그것이 초자연적인 칙령이어서가 아닙니다.

이처럼 유기적인 관점에서 인간과 인간의 삶의 방식 및 제도를 보면 인간을 깎아내린다고 여기는 사람이 있습니다. 저로서는 의아한 일입니다. 아무리 창조자가 신이라고는 해도 인간을 기술적 생산물로 생각하는 것이 자연 발생적이라는 해석보다 더 고상하다고 여기는 사람이 있다는 것은 의아한 일이지요. 제가 보기에는 유기적인 혹은 진화론적인 관점이야말로 인간에게 최고의 존엄성을 부여하는 것입니다. 이 관점에 따르면 인간은 우주에서 가장 먼 구석에서 어마어마한 시간에 걸쳐 모여든 별과 같은 재료로 만들어졌습니다. 우주의 모든 역사가 인간 속으로 들어갔고 결국에는 인간이라는 존재를 만들어낸 거지요.

인간 같은 존재가 없었다 해도 우주는 여전히 '존재'할지 모릅니다. 하지만 우주가 존재한다는 사실을 '알' 수는 없을 것입니다. 정말로 그런 상황이 일어났다면 불행한 일입니다. 물질은 인간과 그 비슷한 것에 이르러서야 자신을 관조하고 이해하기 시작하는 상태에 도달했습니다. 암탉은 달걀이 또 다른 달걀을 만들어내는 방식일 뿐이라는 말을 들어보셨을 것입니다. 그 말과 정확히 같은 의미에서, 인간은 원자가 원자에 대해 아는 방식입니다. 또한 여러분이 생각하기에 따라서는, 인간은 별이 별에 대해 아는 방식이라고도 할 수 있습니다. 굉장한 일이지요. 인간에 관한 소박한 생각은 지금까지로도 충분했다고 생각합니다. 이제 인간은 충분히 자부심을 느낄 만하다고 생각합니다. 자기 자신이 아니라 자기와 같은 종에 대한 자부심 말이지요. 동료와의 경쟁 속에서 느끼는 자부심이 아니라 동료에 대한 자부심 말입니다. 인간 스스로 자신에 대해 자부심을 느낀다면 구태여 겉보기에 그럴싸한 존엄성을 추구할 필요가 없습니다. 자연 속의 자기 자리를 통해서도 충분한 존엄성을 느낄 수 있으니까요. 신비한 계시가 없더라도 자신이 우주와 하나이고, 지금도 하나로 '존재'하고 있으며, 우주와 같은 질료로 만들어졌으며, 우주의 역사와 인간의 역사가 어떤 별들만큼이나 오래됐다는 사실을 확신할 수 있습니다. 인간의 관조를 통해 우주는 자신을 관조합니다. 인간의 앎을 통해 우주도 자신을 압니다. 인간의 창조 활동을 통해 새로운 것이 우주에 더해집니다. 인간이 사라진다면 우주 일부분이 사라질 것입니다. 또 다른 형식의 말을 빌려 표현해볼까요. 만약 신이 죽었다면 그것은 인간이 죽었기 때문일 것입니다.

4장

죽음의 기원

THE ORIGINS OF DEATH

앞서 저는 여러분에게 생명의 기원에 관해 말씀드렸습니다. 이제 죽음의 기원과 의미에 관해 이야기하려고 합니다. 죽음은 생명의 가장 큰 사건 중 하나이자 가장 큰 통과의례 중 하나이지요. 저는 죽음의 기원에 관한 이야기가 이번 강연 중에서 가장 여러분의 마음에 들 거라고 미리 말씀드릴 수 있습니다.

별도 죽고 사람도 죽습니다. 하지만 모든 생명체가 죽는 것은 아닙니다. 예컨대 아메바는 결코 죽을 필요가 없습니다. 만약 아메바가 죽는다면 뜻밖의 좋지 않은 환경이나 어떤 폭력 때문이지요. 보통 아메바는 분열해서 두 개의 새로운 아메바가 됩니다. 모든 단세포 생물이 그런 식입니다. 끊임없이 분열해서 계속 새로운 자기 복제본을 만들어내지요.

간혹 조금 다르게 행동하는 생명체도 있습니다. 저보다 앞선 세대의 저명한 생물학자인 로랜드 우드러프는 원생동물이자 단세포 생물인 짚신벌레를 가지고 그런 과정의 차이를 연구했습니다. 짚신벌레는 가끔 두 개가 나란히 합쳐 그 둘 사이의 막을 해체한 후에 유전 물질을 교환하지요. 그런 다음 다시 분리되어 이전처럼 분열을 계속하곤 합니다. 이런 과정을 '접합'이라 부릅니다. 우드러프는 짚신벌레가 간헐적인 접합 없이 단순 분할 방식만으로도 살아갈 수 있는지를 연구하던 중이었습니다. 그래서 그가 한 일은 매일 아침 연구실로 가서 짚신벌레를 확인하는 것이었지요. 그런데 어떤 날은 전날 밤 짚신벌레 한 마리를 혼자 헤엄치며 돌아다니게 해둔 그릇 안에서 두 마리를 발견하곤 했습니다. 그런 다음에는 조심스럽게 둘을 분리해서 짚신벌레를 다시 혼자 있게 했습니다. 접합의 기회가 없도록 한 거지요. 얼마 후 그는 일련의 과학 논문을 쓰기 시작했습니다. 첫 번째 논문의 제목이 〈짚신벌레 접합 없이 500세대〉였습니다. 그다음 얼마 있다가 쓴 논문 제목은 〈짚신벌레 접합 없이 1200세대〉였습니다. 이런 식으로 매년 이어진 논문은 마침내 절정에 이르러, 〈짚신벌레 접합 없이 1만 1000세대〉라는 제목으로 발표됐지요. 우드러프 교수는 이런 식으로 행복하면서도 유용한 인생을 이어갔고, 덕분에 우리는 모든 짚신벌레가 접합 없이 단순 분할만으로도 계속 번식할 수 있다는 사실을 확신하게 되었습니다.

그런데 이 짚신벌레를 정밀 관찰하는 동안 우드러프는 번식 과정에서 새로운 사실을 발견했습니다. 이따금 짚신벌레는 순전히 혼자서도 핵 중의 하나가 퇴화해 다른 짚신벌레의 새로운 핵이 되는 것이었습니다. 아시다시피, 모든 짚신벌레에는 작은 핵과 큰 핵이 있습니다. 이른바 소핵과 대핵이지요. 대핵은 활동을 담당하는 핵이고, 소핵은 일종의 유전 물질 저장소입니다. 우드러프가 발견한 것은 짚신벌레를 줄곧 혼자 놔두면, 절박한 상황에 이르러 일종의 '자작(DIY)' 접합을 수행하려 든다는 사실이었습니다. 그럴 때는 대핵이 해체되어 스스로 소핵을 가지고 새로운 핵을 만들어내고서는 그 핵이 새로운 짚신벌레가 됩니다. 대단한 재주이지요.

이처럼 온갖 종류의 변형이 존재합니다. 이런 유기체뿐 아니라 그와 비슷한 많은 유기체들이 그렇습니다. 그러면서도 죽지는 않습니다. 신기한 것은 그런 단세포 유기체에서 다세포 유기체로 도약한다는 점입니다. 그런 다세포로는 말미잘이 있는데, 단세포 유기체에 비하면 엄청나게 크지요. 말미잘은 보통 몸통 가운데가 절단되면서 스스로 번식합니다. 그러면 하나가

둘이 되지요. 둘 다 새것이나 마찬가지입니다. 그런 식의 과정은 이런 단계의 유기체에서는 일반적인 일입니다. 말미잘의 친족인 히드라는 옆구리에서 작은 돌기가 떨어져 나가면서 번식하지요. 돌기가 잠시 자란 후에는 모체에서 분리되어 독자적인 삶을 시작합니다. 새로운 히드라가 생긴 거지요. 이 역시 훌륭합니다.

여기서 또 한 번 큰 도약이 일어날 수 있습니다. 이번에는 편형동물에서 일어납니다. 편형동물은 낮은 서열의 벌레이지만, 히드라나 말미잘과 달리 어떤 점에서는 우리 인간과 더 유사하지요. 오른편과 왼편이 있어서 좌우 대칭을 이룹니다. 양 끝에 머리와 꼬리가 있지요. 신경계도 있는데 다소 머리 쪽 끝에 몰려 있습니다. 꽤 복잡한 유기체이지요. 하지만 플라나리아라 불리는 아주 흔한 편형동물은 규칙적인 방식으로 번식합니다. 허리 부분이 좁아지다가 마침내 둘로 분할되고 난 다음 각각 모자란 부분을 재건하는 식이지요. 머리 부분 반쪽에서는 새로운 꼬리가 재생하고, 꼬리 부분에서는 새로운 머리가 재생하면서, 처음에는 하나였던 것이 두 마리가 됩니다.

몇 년 전 네덜란드 과학자 슈토펜브링크는 이 편형동물을 가지고 굶기는 진기한 실험을 시작했습니다. 플라나리아를 배양하면서 먹을 것을 주지 않고 그냥 둬본 거지요. 보통 그렇게 하면 플라나리아는 자기 자신의 물질로 연명하기 시작합니다. 자신을 먹이로 삼기 시작하는 거지요. 이런 행동은 완벽하게 정해진 프로그램에 따라 진행됩니다. 맨 처음에 하는 일은 자신이 갖게 된 생식 관련 산출물을 제거하는 것입니다. 그다음에는 자신의 소화계를 흡수합니다. 먹을 것이 없는 상황에서는 별 쓸모가 없으니까요. 그다음에는 자신의 근육을 흡수하기 시작합니다. 계속해서 이런 과정을 거치면서 크기가 점점 작아집니다. 마지막까지 공격하지 않는 기관은 딱 한 곳입니다. 바로 중추신경계이지요. 몸체는 점점 작아지는 반면 중추신경계는 크기를 그대로 유지한 결과 마지막에는 대단히 지능적으로 보이게 됩니다. 온통 머리뿐이고 벌레는 온데간데없어지는 거지요.

저는 이런 설명을 읽었을 때 조바심이 일었습니다. 슈토펜브링크 교수가 어느 날 자기 연구실에 들어가 보니 플라나리아가 점점 줄어들어서 결국에는 아무것도 남아 있지 않게 된 장면을 본 것은 아닌지가 몹시 궁금했습니다. 불행히도 그런 일이 일어날 것 같았던 순간 슈토펜브링크는 다시 플라나리아에게 먹이를 주었고 플라나리아는 곧바로 잃었던 모든 것을 되살렸습니다. 저는 무척 실망스러웠지만 그래도 슈토펜브링크는 그런 실험을 통해 새로운 사실을 알아냈습니다. 먹이를 먹고 회복한 플라나리아는 새로운 플라나리아였던 것입니다. 실제로 여러분도 플라나리아를 영원히 살려둘 수 있습니다. 굶겼다가 먹이 주기를 주기적으로 하면 되지요. 이 이야기에는 틀림없이 어떤 교훈이 있습니다.

분절이나 분할, 분열을 통한 번식 방법에 관해 제가 지금까지 연구해온 생물 중에서 최상위는 벌레입니다. 우리 주변에서 흔히 볼 수 있는 지렁이의 사촌들이지요. 그중에 엔카이트라에우스 프래그멘토수스(Enchytraeus fragmentosus)라는 멋진 이름의 벌레가 있습니다. '프래그멘토수스'라는 성을 갖게 된 것도 이 벌레의 번식 방법이 분절(fragmentation)이기 때문이지요. 때가 되면 수많은 조각으로 쪼개진 후에 각 조각은 재생을 통해 빠진 부분을 모두 회복합니다. 처음에는 한 마리로 시작해서 대여섯 마리의 새로운 벌레가 생기는 거지요.

그렇지만 번식 방법이 그 단계에 이르기 오래전에, 살아 있는 유기체는 아주 다른 방법을 이뤄냈습니다. 바로 유성 생식을 통한 번식 방식입니다. 이 유성 생식 방식과 가장 밀접하고 긴밀한 관련 속에서 죽음이 이야기의 무대에 등장하게 됩니다. 그 관련성은 아우구스트 와이즈만이라는 이름의 위대한 19세기 생물학자가 잘 설명한 바 있습니다. 그는 유성 생식을 하는 모든 유기체는 삶을 단세포인 수정란으로 시작한다고 설명했지요. 그다음 이 세포는 반복해서 분할하기 시작하는데, 이런 분할 속에서 마침내 완전한 유기체가 됩니다. 분할이 계속됨에 따라 세포들은 여러 종류의 세포로 분화하지요. 이 과정을 거치면서 세포 중 일부는 와이즈만이 '생식질(생식세포)'이라 부른 것으로 분리되고, 이것은 마침내 성숙한 유전 세포인 난자와 정자를 생산합니다. 다른 세포들은 분화해서 몸체를 생산하지요. 이것을 와이스만은 '체세포'라고 불렀습니다. 이 모든 세포는 원래 하나의 동일한 세포였던 수정란에서 반복 분할이라는 단순한 과정에서 나온 것입니다. 하지만 결국에는 난자와 정자를 생산하는 생식세포와 신체를 이루는 체세포, 두 가지 범주로 나뉩니다.

이런 설명을 통해 와이즈만은 두 가지의 위대한 기본 원리를 이야기했습니다. 첫 번째 원리는 그가 '생식세포의 고립'이라고 부른 것입니다. 요즘 학자들은 유전 정보는 한 방향으로만 간다는 말로 설명합니다. 즉, 유전 정보는 언제나 생식세포에서 체세포로 전달될 뿐, 체세포에서 생식세포로 역진하는 법은 없다는 뜻입니다. 그렇기 때문에 획득 형질은 유전될 수가 없지요. 획득 형질은 체세포에서 발생한 차이이고 몸 안의 변화입니다. 그런 변화는 생식세포로 전달될 방법이 없으며, 따라서 유전도 되지 않습니다.

두 번째 위대한 원리는 와이즈만이 '생식세포의 잠재적 불멸성'이라 부른 것입니다. 아시다시피 생식세포인 난자와 정자는 약간의 생식세포 외에 체세포도 얼마간 생산합니다. 생식세포 계통은 잠재적으로 불멸입니다. 단순 분할을 통해 끊임없이 생식세포를 추가로 만들어내기 때문이지요. 하지만 그와 함께 몸도 만들어냅니다. 몸의 핵심 기능은 생식세포를 운반하는 것입니다. 생식세포를 먹이고 보호하며 (온혈 생물의 경우) 덥히고, 결국에는 반대 성의 생식 산물인 난자나 정자와 섞이면서 다음 세대를 시작하게 하는 거지요. 이렇게 자기 일을 완수하고 난 신체는 버려집니다. 그것이 바로 죽음이라는 거지요. 몸이 번식 활동 속에서 자기 기능을 수행한 후에 버려지는 것이 죽음입니다.

번식이 완수된 후 생명이 몸과 함께 끝이 난다는 생각은 인간인 우리로서는 거북하게 느껴집니다. (이 점에 관해서는 조금 뒤에 가서 할 이야기가 더 있습니다.) 하지만 죽음에 관한 이런 이야기가 우리 인간에게 거북한 것과는 달리 연어에게는 조금도 놀라울 게 없습니다. 연어와 송어, 장어, 기타 그런 유의 많은 생물은 번식을 위한 준비가 동시에 죽음을 위한 준비이기도 합니다. 두 가지 일은 언제나 함께 일어나지요. 번식이 생명의 가장 마지막 행동이라는 것은 너무나도 분명합니다. 연어의 생애 주기는 언제나 민물에서 시작되지요. 그런 다음 점점 자라서 첫 번째 변태를 거칩니다. 밝은색을 잃고 은색으로 변하지요. 그러고는 대개 바다로 나아갑니다. 성적으로 성숙기에 이르면 다시 민물로 돌아옵니다. 강을 거슬러 올라 산란지까지 가지요. 연어는 상류로 거슬러 올라가는 이동을 시작할 때 예비 작업으로 두 번째 변태를 거칩니다. 몸 색을 다시 바꿔 핑크빛이 짙어지고 해부학적으로도 많이 변합니다. 가장 중요한 변화 중 하나는 모든 소화기관이 퇴화해서 제 기능을 할 수 없게 되는 것입니다. 먹는 활동이 끝난 거지요. 이제 한 가지 일만 남겨둔 상태입니다. 산란지로 거슬러 올라가서 생식용 산물(정자 혹은 난자)을 방출하고 죽는 것입니다. 그즈음 되면 연어는 더는 살아가는 데 적합하지 않습니다. 식도를 따라 음식물을 밀어 넣더라도 활용할 기관이 없습니다.

이런 과정은 이와 유사한 다른 많은 생물도 마찬가지입니다. 가령, 우리가 민물 장어라고 부르는 것을 볼까요. 모든 대서양의 장어는 미주산이든 유럽산이든 민물에서 5~15년 동안 자랍니다. 그런 다음 성적으로 성숙기에 이르면 변태를 거친 후 엄청난 이동을 시작해 대서양에서 가장 깊고 염도가 높은 사르가소 해로 다 모여듭니다. 수심이 대단히 깊은 그곳에서 모두 알을 낳고 죽지요. 이때도 모든 장어는 연어와 마찬가지로 긴 여행을 시작하기 전에 일련의 해부학적 변화를 겪습니다. 필요한 행동을 준비하기 위해, 그 엄청난 여행을 위해 많은 것을 벗어던지는 거지요. 이 과정에서도 소화계가 완전히 퇴화합니다. 그 후로는 결코 먹는 일이 없습니다. 바다로 가는 여행 내내 아무것도 먹지 않지요. 장어에게 남은 일은 오직 한 가지입니다. 사르가소 해에 당도해서 알을 낳고 죽는 것이지요. 그다음에 태어난 새끼 장어는 다시 혼자서 고향으로 돌아가야 합니다. 장어가 어떻게 고향을 찾아가는지는 너무나 놀랍고 신비한 이야기입니다. 미주산 장어와 유럽 장어는 서로 다른 종인데도, 제가 아는 한 새끼 장어 중 어떤 것도 다른 무리에 뒤섞여 다른 대륙으로 잘못 찾아간 적이 없습니다. 미주산 장어가 사르가소 해에서 마침내 미주 대륙 해안에 이르러 변태한 모습으로 민물에 나타나기까지는 약 15개월이 걸립니다. 반면 유럽 장어는 고향으로 돌아가는 데 3년 정도가 걸리지요. 그래도 해냅니다.

번식 과정과 더불어 진행되는 생식을 위한 위대한 이동을 보면, 생명의 마지막 활동이 번식이며 번식을 위한 준비는 동시에 죽기 위한 준비라는 점이 너무나 분명합니다. 죽음이 동시에 끼어드는 위대한 이동은 또 있습니다. 하지만 실제로 그런 경우에도 죽음이 목적입니다. 번식을 위한 이동의 경우 죽음은 유기체, 즉 신체가 기능을 완수했기 때문에 일어납니다. 지금 제가 이야기하려는 다른 이동의 경우에도 핵심은 유기체를 죽여 없애는 것입니다.

잘 알려진 것으로는 기아 이동이 있습니다. 먹을 것이 부족한 상황이 되면 동물은 이동하기 시작하지요. 그럴 때 동물은 평소에는 보이지 않던 온갖 이상한 곳에 나타납니다. 여기에는 사람이 거주하는 마을이나 다른 곳도 포함됩니다. 이런 기아 이동 중에 가장 유명한 것이 레밍의 집단 이동입니다. 레밍은 꽤 큰 설치류인데 보통 노르웨이 산기슭 고지대에 삽니다. 이곳에서는 수년에 한 번씩 대규모 레밍의 집단 이동이 일어납니다. 여러분 모두 그런 이동에 관한 신화도 들어보셨을 것입니다. 거대한 레밍 무리가, 아마도 수십만 마리쯤 될 겁니다, 노르웨이 산기슭에서 아래로 몰려 내려와 온 도시로 들어와서는 교통을 마비시키고 바다를 향해 질주합니다. 그리고 해변에 이르면 바다로 뛰어들어 집단 자살을 하지요. 그 후로는 이들을 다시는 볼 수 없습니다.

인상적인 이야기이지요. 하지만 제가 이해하는 바로는 사실 그렇게 극적인 일은 아닙니다. 레밍의 집단 이주가 일어나는 이른바 '레밍의 해'에 벌어지는 일은 특정 지역에 사는 레밍의 개체 수가 먹이 양을 초과해서 생기는 결과이지요. 살아가는 데 필요한 만큼 충분히 먹을 것이 없으면, 음식 부족, 진짜 허기에 대한 본능적인 자동 반응이 일어납니다. 이런 현상은 살아 있는 모든 유기체에서 볼 수 있습니다. 단세포인 프로토조아로부터 인간에 이르기까지 예외가 없지요.

이런 배고픔에 따른 충동 때문에 생물들은 내달리고 이동하고 방황합니다. 특별한 방향도 없습니다. 그저 방황일 뿐이지요. 레밍에게 일어나는 것도 바로 그런 현상입니다. 수많은 레밍이 산악 한쪽에 면한 바닷가에 직면해서 바닷속으로 뛰어들어 죽는 것은 노르웨이 지형이 그렇기 때문이지요. 다른 쪽에 사는 레밍 무리는 라플랜드 평원에 이르게 되면 고원을 가로질러 헤매다 죽기도 합니다. 이때 그만한 규모의 레밍 무리가 본래 무리의 중심에서 떨어져 나와 죽는데, 이 과정의 핵심은 이렇습니다. 그러니까 음식이 부족해지면 배고픈 레밍이 생겨나고, 허기가 가장 심한 레밍들이 방황하기 시작합니다. 이들은 무리에서 떨어져 나와 방황하다가 죽지요. 그리고 그렇게 죽는 레밍이 충분한 수에 이르면 남은 무리는 먹을 것이 넉넉해져 자동으로 집단 이동을 멈춥니다.

인간인 우리가 이런 현상을 일종의 일탈이라고 생각하는 것은 자못 신기한 일입니다. 그런 현상 안에는 우리가 거부하는 뭔가가 있습니다. 우리는 레밍의 자살을 대단히 비정상적인 행동으로 느낍니다. 그런 행동은 좀 이상해 보이지요. 같은 상황에서 굶주린 인간이라면 이탈해서 다른 누군가를 살해하기 때문입니다. 우리는 우리의 행동 방식이 더 자연스럽다고 생각하는 듯합니다. 하지만 레밍의 행동 방식에 관해서는 할 이야기가 많습니다. 우선 한 가지는, 그렇게 행동했을 때 결과적으로 덜 죽는다는 것입니다. 허기가 가장 심한 레밍은 무리에서 떨어져 나가 죽지만, 방금 제가 말씀드렸듯이 레밍 무리의 개체 수가 충분히 줄어들면 곧바로 집단 이동은 끝이 나고, 죽음도 자동으로 그칩니다. 결과적으로는 훨씬 덜 죽는 겁니다. 두 번째로는 파괴가 없다는 점입니다. 살아남은 레밍 무리는 살던 집에 아무런 손상을 입히지 않습니다. 예전 그대로이지요. 세 번째는 여기에 자연 선택의 과정이 작동한다는 것입니다. 이탈해 죽는 개체는 가장 굶주린 레밍이고, 더 잘 살던 개체는 무리 속에 그대로 남게 됩니다. 인간이 처리하는 방식을 보면, 꽃다운 나이의 남자를 골라 밖으로 내보내 죽이고 죽게 합니다(국가가 청년을 징병하는 것을 가리킨다. 강연 당시 저자는 미국의 베트남전 참전에 반대하는 한편, 징병을 거부하는 대학생들을 지지했다 - 옮긴이). 생물학적으로는 레밍의 내처 방식이 훨씬 더 효과적이지요.

저는 이제 이런 맥락에서 인간에 관해 이야기하고자 합니다. 먼저 거북한 생각부터 이야기하겠습니다. 한번 번식이 완수되고 나면 생명은 신체와 결별한다는 생각 말입니다. 우리 대부분은 그렇게 생각하지 않지요. 사실 인간에게는 그런 원리가 적용되지 않습니다. 과학자는 불편한 것을 이야기할 때마다 인간에게는 해당하지 않는다는 말로 설명을 시작하고는, 그것을 덮고 청중의 기분을 돋우기 위해 일종의 폴리아나(1913년에 출간된 미국 작가 엘리너 포터의 소설 속 주인공으로 낙천적인 인물의 대명사 - 옮긴이) 이야기를 들려주곤 하지요. 하지만 저는 대신에 벌 이야기를 해드릴까 합니다.

벌은 인간처럼 사회를 이루고 살지요. 벌의 사회를 꾸려가는 심장부는 이른바 일벌들입니다. 이들은 생식력이 없는 암벌이지요. 결코 번식을 하지 않습니다. 생식 기능에서도 아무런 역할이 없지요. 유일하게 번식 능력이 있는 암컷이 여왕벌입니다. 여왕벌은 벌집 하나당 한 마리이지요. 하지만 벌집의 다른 일은 일벌이 다 처리합니다. 먹을 것을 찾고 벌집을 만들지요. 또 유충을 먹이고 장차 여왕벌이 될 유충에게는 특별식을 공급합니다. 벌집 청소도 하고 환기도 하고 그 밖에 모든 것을 다 합니다. 하지만 일벌은 생식력이 없지요. 인간 남성에게 일어나는 일도 비슷합니다. 사회가 있으면 구성원의 일부가 사회에 봉사할 수 있습니다. 이들에게 재생산의 문제는 상관이 없어집니다. 바흐는 자식이 많았지요. 하지만 제가 아는 한 베토벤에게는 자식이 한 명도 없었습니다. 그렇다 해도 그걸 누가 신경 쓰나요? 전혀 상관없는 일입니다. 우리가 바흐와 베토벤에게 기대하는 것은 그런 것이 아니니까요. 뉴턴도 자식이 없었습니다. 그걸 누가 신경 쓰나요? 아무런 상관이 없습니다. 그럼에도 세 사람은 우리 사회에 기여를 했습니다. 그것도 아주 훌륭하게 이바지했지요. 우리가 그들을 자랑스럽게 여기는 것은 과거에 그들이 살아서 한 일 때문입니다. 그것이 우리가 살아가는 방식이지요. 생식의 문제는 별 상관이 없습니다. 누구나 다른 많은 방법으로 사회에 기여할 수 있기 때문이지요.

역사를 통틀어 인류는 불사의 꿈을 추구해왔습니다. 제가 말하는 것은 우리의 육체, 신체의 불사입니다. 정신의 불사가 아닙니다. 정신이 무엇을 뜻하든 마찬가지입니다. 그래서 과거 인류는 오랫동안 젊음의 샘과 철학자의 돌을 찾기도 했지요. 여러분도 다 들어보셨을 것입니다. 제가 의아하게 여기는 점은 우리가 불사라고 할 만한 것으로 바라는 전부를 이룬다고 하더라도 삶의 조건은 지금과 거의 달라질 게 없어 오히려 따분해질 거라는 사실입니다. 이번 강연에서 이 문제를 자세히 다룰 시간은 없습니다만, 피터 메더워(1960년 후천성 면역내성 연구로 노벨상을 공동수상한 브라질계 영국 생물학자 - 옮긴이)가 『개인의 독특함*Uniqueness of the Individual*』이라는 책에서 이 문제에 관해 아주 아름답게 기술했습니다. 메더워는 그의 책 1장과 2장에서 불사의 상황을 풀어서 이렇게 설명합니다. 누군가 육체적으로 불사의 방식으로 바랄 수 있는 모든 것을 가졌다고 가정해봅시다. 가령 사람이 20세

한창때가 되어 나이를 더는 먹지 않게 해주고, 자연사도 피하는 축복을 줄 수 있다고 가정해볼까요. 이 대목에서 대단히 흥미로워집니다. 우리는 모두 자연사가 마치 실제로 일어나는 현상인 것처럼 이야기하지요. 하지만 메더워는 자신이 아는 모든 외과 의사에게 자연사로 죽는(고령으로 죽는) 사람을 본 적이 있는지 물어보았지만, 모두가 강하게 부인했다고 쓰고 있습니다. 그런 일은 본 적이 없다는 거지요. 언제나 다른 뭔가가 개입했다는 겁니다. 폐렴의 마지막 일격이라든지 어떤 장기의 고장 같은 것 말이지요. 그러니 우리가 자연사를 말하긴 하지만 실제로 존재하는지는 대단히 의심스럽습니다.

그럼에도 메더워는 불사를 설명하기 위해, 인간에게 영원한 청춘과 자연사의 면제 외에도 덤으로 영구적인 출산 능력까지 주어졌다고 가정해보자고 말합니다. 스무 살의 생식 능력을 영원히 유지되게 해보자는 거지요. 그러면 어떻게 될까요? 글쎄요, 여전히 우리는 육체가 물려받은 모든 질병에 시달릴 것입니다. 질병만이 아니라 교통사고, 전쟁, 역병, 기근, 온갖 폭력에서 벗어날 수 없을 테지요. 보험계리사들 같으면 잠시 물러서서 이 모든 걸 지켜본 후에 곧바로 새로운 보험료 산정 요율을 이야기하겠지요. 결국 메더워는 우리가 아는 대로 사람들이 살아가는 삶이 계속되는 한 사정은 변하는 게 거의 없어서 지금 우리에게 할당된 기간이, 즉 우리가 늙고 죽는 기간이 사실상 불사라고 가정할 때 누리는 기간과 별 차이가 없을 거라고 말합니다.

마지막으로 한 가지만 덧붙이겠습니다. 이 모든 이야기에서 기이한 부분은 사실 우리가 이미 불사를 누리고 있다는 점입니다. 다만 우리가 바라는 방식이 아닐 뿐이지 생식세포를 통해 이미 불사를 누리고 있습니다. 그렇지만 우리는 체세포, 즉 신체의 불사까지 바라지요. 오늘날 우리에게는 육체가 너무나 중요한 것이 되었기 때문입니다. 육체와 사랑에 빠진 거지요. 우리가 거울에서 마주 보는 것 말입니다. 육체는 사람이 평생에 걸쳐 따라다니는 정체성의 저장소입니다. 그것이 우리에게 모든 것을 뜻하기에 이른 거지요. 반면 많은 사람이 생식세포에는 전혀 개의치 않습니다. 잠재적으로 육체를 수만 년, 수백만 년 계속해서 만들 수 있는 불사의 세포인데도 말이지요.

저 역시 한때 그렇게 생각한 적이 있습니다. 저 또한 우리의 불사가 엉뚱한 곳에 있다고 생각했지요. 하지만 이제는 그렇게 생각하지 않습니다. 아시다시피 현재 살아 있는 모든 생명체는 약 30억 년 전 지구상에 처음 출현한 이래 면면히 이어져 온 생명의 연속성을 대표합니다. 그것이야말로 진정한 불사입니다. 그 생명의 선이 끊겼다면 어떻게 우리가 이곳에 존재할 수 있겠습니까? 30억 년 내내 생식세포는 단순한 분할로만 재생산돼

왔습니다. 그때까지 생명은 단세포 생물인 원생동물의 삶을 살고 있었지요. 그러는 동안 몸을 만들고 버리는 일을 반복했습니다. 그중 어떤 생식세포는 바다를 누비다 헤엄을 치고 싶으면 물고기가 되고, 하늘을 날고 싶으면 새가 됩니다. 라디오로 이 강연을 듣고 싶으면 사람이 되는 거지요.

우리가 몸속에 품고 다니는 그 생식세포는 지금까지 이런 방식으로 30억 년을 이어왔습니다. 이 기간에 그 모든 것을 했지요. 여러분과 저의 몸속에 있는 우리의 생식세포가 물고기를 만들던 때도 있었습니다. 도롱뇽과 개구리 같은 양서류를 만들던 때도 있었습니다. 그보다 나중에는 뭍으로 오른 파충류를 만들던 때도 있었지요. 이제는 인간을 만들고 있습니다. 그리고 우리가 분별력과 자제심만 발휘해서 그대로 유지된다면 앞으로 수 세기 후에는 무엇을 만들어낼지 누가 알겠습니까? 저 역시 예전에는 우리의 불사가 잘못된 곳에 있다고 생각한 적이 있었지만, 더 이상은 아닙니다. 저는 불사가 알맞은 자리에 있다고 생각합니다. 이것이야말로 가질 만한 가치가 있는 유일한 불사이며, 우리는 이미 그것을 가지고 있다고 생각합니다.

5장

해답들

ANSWERS

우리는 어디에서 왔고, 어떤 존재이며, 앞으로는 어떻게 될까요? 이 질문은 이제 우리에게 다급한 것이 되었습니다. 우리가 중대한 결정의 시기에 이르렀기 때문이지요. 인간뿐 아니라 지구상의 많은 생명을 위해서도 그렇습니다. 우리 인간은 수천 년간 다른 동식물과 서로 이롭게 공생해왔습니다. 인간도 잘 살았고, 식물도, 동물도 잘 살았습니다. 하지만 인간은 생명을 파괴하고 땅과 바다를 황폐화하며 다른 생명체를 멸종으로 내몰기 시작했습니다.

우화 한 편으로 이야기를 시작하려고 합니다. 성경에 나오는 우화가 아니라 생물학의 우화입니다. 약 2억 년 전 우리는 파충류의 시대를 살았습니다. 그때는 공룡이 지구상의 주인이었지요. 공룡은 지구상에 존재했던 가장 큰 육지 동물이었습니다. 몸에는 비늘과 장갑판 같은 방어 기제가 잘 발달해 있었지요. 뿔과 이빨, 발톱 같은 공격 기제도 뛰어났습니다. 보기에도 아주 멋졌지요. 그 뒤로 그늘 속 나무뿌리 틈새에 몸을 숨긴 작은 무리의 동물이 있었습니다. 무방비 상태의 온순한 새로운 종이었지요. 바로 최초의 포유류였습니다. 이들은 내놓을 거라곤 없었지만 하나만 예외였습니다. 체구에 비해 꽤 큰 두뇌를 가졌던 거지요. 공룡만 해도 덩치에 비하면 뇌가 아주 작았습니다. 몸집 대비 두뇌 비율이 아주 낮았지요. 그 점에서 포유류는 우월했고, 얼마 있지 않아 공룡은 멸종하고 말았습니다. 양서류 시대가 포유류 시대로 넘어간 거지요.

포유류는 지구상에서 점점 커지고 번성했습니다. 그 멋진 두뇌를 활용해 계속해서 진화해간 끝에 약 200만 년 전 인간의 출현으로 이어졌지요. 인간은 아주 매력적인 동물입니다. 한번 생각해보세요. 될 수 있으면 큰 키에, 아무것도 걸치지 않고 두 발로 선 강인하면서도 다재다능한 점잖은 인간의 모습을 말입니다. 전적으로 훌륭한 동물이고 사랑스러운 존재이지요. 하지만 차에 태워놓으면 그런 사람은 온데간데없어집니다. 으르렁거리고 악취를 풍기며 거리를 지나갑니다. 이런 차 안의 인간을 사랑하기란 어렵지요. 그럴 때 인간은 다시 몸집 대비 두뇌 비율이 아주 낮아져버리니까요. 이때 인간은 중간 크기의 공룡과 비슷해져서 위험합니다. 그렇다 보니 교통사고로 숨지는 미국인 수가 매년 5만 명이 넘습니다. 베트남전 기간을 통틀어 숨진 사람보다 많은 수입니다. 더구나 교통사고로 숨지는 사람은 차 안에 있는 사람이 아니라 보통 미국인이라는 점에 유의하시기 바랍니다. 이 말은 차 안의 사람은 완전히 통제가 안 된다는 사실을 우리가 너무나 잘 알고 있다는 뜻입니다. 그게 우리의 문제입니다. 누군가 지켜보지 않으면 우리는 다시 공룡이 됩니다. 차량은 그 시작일 뿐이지요. 트럭도 있고 기차와 비행기와 수소폭탄도 있습니다. 그 모든 것을 컴퓨터가 운영하지요. 몸집 대비 두뇌 비율은 아주 아주 낮아졌고 지금도 급격히 내려가는 중입니다.

포유류는 지구상의 생명에 다른 것도 가져왔습니다. 한없이 소중한 것이지요. 바로 자신의 새끼를 돌보는 것입니다. 공룡은 알을 낳고 나면 자리를 떴습니다. 그전의 모든 생물이 하던 방식 그대로였지요. 물고기, 양서류, 파충류도 다 그랬습니다. 하지만 포유류는 그렇지 않습니다. 포유류는 몇 개월 동안이나 몸속에 새끼를 밴 채로 다닙니다. 그런 다음 출산을 하고 젖을 먹입니다. 거기에서 '포유류'라는 단어가 나왔습니다. 젖을 먹인다는 뜻이지요. 새끼가 젖을 뗀 후에는 햇볕 아래 노는 것을 지켜보고 보호하며 먹이고 살아가는 법을 가르칩니다. 이 부분도 오늘날 우리에게는 또 다른 문제가 되고 있습니다. 우리는 청소년을 제대로 돌보지 않고 있습니다. 우리는 청소년이 바라는 것은 아주 적게 주면서, 그들의 존재 자체를 위협하는 세계 속으로 이끌었지요. 우리는 다시 공룡이 되고 있습니다. 이번에 인간에게 멸종이 일어난다면 '자작' 멸종이 될 것입니다. 인간을 대신할 다른 생물은 없습니다.

저는 과학자이지만 교사이기도 합니다. 하버드에서 남녀 학생 350명가량을 가르칩니다. 지난 몇 년 사이에 학생들의 분노와 고민이 커지고 있다는 사실을 절실히 깨달았습니다. 저로서는 학생들을 가르치기가 점점 힘들어지고, 학생들은 배우기가 점점 힘들어지는 듯 보입니다. 당연히 저는 자문해봐야 했습니다. 학생들을 힘들게 하는 것이 무엇인지 말이지요. 그런 문제를 고민하고 자문하다 마침내 답을 알았다고 느끼던 무렵이었습니다. 마침 그때 비슷한 고민을 하던 학생과 교수 그룹이 제게 1969년 3월 4일 MIT에서 강연을 해달라고 요청해왔지요. 하지만 당시에 저는 걱정되는 문제가 있었습니다. 제가 찾았다고 생각한 답이 걱정거리였습니다. 그러니 제가 감히 그 말을 할 수 있었을까요? 하지만 결국 말을 하기로 했습니다. 저는 그

날 했던 강연의 제목을 '미래를 찾는 세대'라고 붙였습니다. 그것이 문제의 핵심이라고 생각합니다. 제가 가르치는 학생들과 저의 자녀들은 자신들의 미래가 있는지 확신하지 못한다는 사실입니다. 무엇보다 두려운 사실은 제가 부모로나 교사로서 그들에게 확신을 줄 위치에 있지도 않다는 것입니다.

우리는 지금 우주의 역사와 지구상의 생명의 역사에서 이상한 구간에 이르렀습니다. 언젠가 이런 우문을 받은 적이 있습니다. "세계는 왜 50억 년이나 되었나요?" 저의 우답은 이랬습니다. "그 질문의 답을 알아내는 생명체를 만들어내는 데 그만큼 오랜 시간이 걸렸기 때문이지요." 그러니 이제 우리는 한 걸음 더 나아간 질문을 해야 합니다. 그런 지점에 도달했으니, 그러니까 그런 생명체의 단계에 도달했으니 이제 우리는 훨씬 더 앞으로 나아갈 수 있지 않을까요?

그렇다면 무엇이 문제일까요? 고민거리는 한 가지가 아닙니다. 아주 많습니다. 그것도 모두가 서로 연결돼 있고 다음 15년에서 기껏해야 30년 이내에 한꺼번에 닥치게 될 문제들입니다. 하나같이 너무나 빠르게 다가와서 어느 하나라도 적절히 처리할 수 있을 거라 기대하기가 힘들 정도입니다. 이 많은 문제는 모두가 끔찍하게 복잡하고 서로 연결돼 있어서, 그중 어느 하나라도 처리하려면 전부를 상대해야 합니다. 제가 말씀드리는 세

가지 문제는 규모부터 압도적입니다. 환경오염, 인구과잉, 핵전쟁의 문제입니다.

환경오염 문제부터 볼까요. 환경오염은 지역적인 형태로 나타나기는 해도 어느 한 지역의 문제가 아니지요. 어느 한 국가의 문제도 아닙니다. 세계의 문제입니다. DDT는 이제 지구 전역까지 가닿고 있습니다. 북극해역의 어류에서도 다량이 검출될 정도이지요. 그곳 물개도 마찬가지입니다. 에스키모인이 DDT를 사용한 적은 없습니다. 그럴 이유가 없지요. 하지만 지금은 오염된 먹이를 통해 DDT를 섭취하고 있습니다. 또 다른 예를 들지요. 실로 대단히 심각한 일입니다. 저는 이전 강연에서 대기 중의 모든 산소(우리가 숨 쉴 때 의존하는 가스인 O_2)가 살아 있는 유기체의 산물이라고 설명했습니다. 그것은 식물이 광합성을 하는 과정에서 대기 중에 방출한 것이고, 지금도 대기에 보존된 것이 전부이지요. 하지만 여러분 중 다수는 그런 광합성의 70~90퍼센트에 이르는 매우 엄청난 규모가 지구 표면이나 우리에게 익숙한 식물 속에서가 아니라 대양의 상층부에 사는 조류에 의해 일어난다는 사실을 알면 놀랄지도 모르겠습니다. 이런 사실을 알아내는 데 헌신한 전문 과학자들은 바다 상층부에 떠 있는 석유 찌꺼기의 양이 이곳에 서식하는 조류 전체 규모와 같다고 말합니다. 현재로서는 그 석유 찌꺼기가 궁극적으로 바다 조류에 어떤 영향을 미칠지 알 수 없습니다. 그런데도 우리는 위험한 도박을 하고 있습니다.

환경을 두고 우리는 모성애의 문제로 이야기해왔습니다. 아시다시피 모성애는 누구나 지지합니다. 곧 알게 되겠지만, 너무 지나친 경향이 있을 정도지요. 세계 거의 어디서나 모든 정치인이 환경에 관해서는 기꺼이 열변을 토합니다. 하지만 그것에 대해 무엇을 할 계획이냐는 질문을 받으면 딴판이 됩니다. 그때부터는 문제가 복잡해지지요. 이 문제는 식수 오염의 최대 주범인 석유 산업과, 공기 오염의 최대 주범인 자동차와 배후의 자동차 산업, 그리고 다시 석유와 휘발유로 연결되기 때문입니다. 또 다른 대규모 오염원은 목재 산업입니다. 또 전력 산업도 있지요. 그러니 환경오염에 대해 뭔가를 하려고 하면 곧바로 이런 엄청나게 강력한 세력을 상대하게 됩니다. 이들은 막대한 부자인 데다 거대한 정치적 힘을 행사하고 정부와 기타 기관을 상대로 로비를 벌이는 세력이지요. 환경오염에 대해 우리가 끌어내야 할 유일하게 적절한 해결책은 오염을 원천에서 차단하는 것입니다. 대단히 어려운 일이지요. 하지만 그것이야말로 인간적인 해법입니다. 지금 상황에서는 아마도 공룡식 해법이 주어질 가능성이 어느 때보다도 큽니다. 즉, 모든 환경오염은 그대로 배출되도록 놔둔 채 그 위에다 새로운 수십억 달러 규모의 정부

지원 오염방지 산업을 부설하는 것입니다. 지금과 같은 재벌기업 시대에 새로 조성되는 오염방지 산업이란 똑같은 기업들이 벌이는 사업이 될 겁니다. 한쪽에서는 오염을 유발하고 다른 쪽에서는 오염을 정화하는 식으로, 양쪽 다 많은 돈을 벌겠지요.

과학자 중에 이렇게 이야기하는 사람은 저 혼자만이 아닙니다만, 이런 식으로 이야기하면 어떤 쪽에서는 반박합니다. 어떨 때는 '죽음의 예언자'라 부르며 깎아내리기도 하지요. 이들의 전반적인 인상은 모든 것이 히스테리이며 과장된 이야기일 뿐이라는 겁니다. 그들은 우리에게는 언제나 문제가 있었고 그런 것은 지금 당면한 문제일 뿐이라는 말들을 합니다. 저도 그랬으면 좋겠습니다. 제가 이야기하는 이런 것들은 제가 전공하는 과학의 영역에는 속하지 않습니다. 하지만 저는 그 문제에 관해서 듣고 난 후 깊은 관심을 두게 되었고, 그것에 관한 정보를 최대한 찾아 읽었습니다. 전문가들한테도 찾아가서 들었습니다. 그 결과 여러분에게 드리고 싶은 말씀이 있습니다. 깊이 파고들수록, 정보원의 지식이 해박할수록, 들려오는 이야기는 더 비관적이라는 겁니다. 저도 제가 하는 말이 과장되었고 히스테리라고 믿고 싶습니다만 걱정스럽게도 사실은 전혀 그렇지 않습니다. 그러기에는 너무나 진실에 가깝습니다.

핵전쟁 문제에 대해서도 한마디 할까 합니다. 여기서도 우리는 이런 말을 듣습니다. “맙소사, 무기는 늘 존재해왔어요. 이것은 단지 신형 무기일 뿐이에요. 적응하면 됩니다. 활과 화살을 두고도 사람들이 했던 악의적인 말들을 생각해보세요.” 하지만 핵무기는 다릅니다. 이전의 무기로는 전쟁에서 승리할 수 있었지요. 우리는 그런 전쟁에서 이겼습니다. 승리가 뜻하는 것이 무엇이든 간에 말이지요. 하지만 핵전쟁에서는 승자가 있을 수 없습니다. 양쪽 다 패자가 될 뿐입니다. 그것은 완전히 자기파괴적이고 자멸적인 전쟁입니다. 1969년 3월 제가 강연을 할 때 이미 미국과 소련 양국의 핵무기 비축분을 합치면 비이성적인 수준에 달했습니다. 그 규모는 지구상의 모든 남녀와 자녀 한 사람당 TNT 15톤의 폭발력에 맞먹는 수준이었지요. 당시 미국 국방부의 스타버드라는 멋진 이름의 장군이 상부로부터 지시를 받았습니다. 완곡하게 ‘전면적인 핵 교환’이라 명명한 미국과 소련 간 핵전쟁 결과가 어떨지 추산해보라는 것이었지요. ‘교환’이라는 표현을 사용한 것을 보면 의아합니다. 국제 교환은 우리 모두가 지지하는데, ‘핵 교환’도 같은 종류의 것이라는 말이 되는 거니까요. 스타버드 장군은 전면적인 핵 교전이 일어나면 1시간 또는 몇 시간 안에 약 1억 2000만 명의 미국인이 사망할 것으로 추산했습니다. 뭐, 걱정할 것 없습니다. 동시에 약 1억 4000만 명의 러시아인도 사망할 거라고 했으니까요.

그 정도의 핵무기 비축량만 해도 이미 비이성적인 수준이었는데 지금 우리는 다음 단계의 핵 경쟁을 벌이고 있지요. 지금 추세라면 1975년까지 소련과 미국 양측의 핵무기 비축분은 대략 다섯 배 정도로 늘어날 것이 확실시됩니다. 그렇게 되면 우리는 어떻게 될까요? 조지아 주의 리처드 러셀 연방 상원의원이 상원 회의장에서 이렇게 말했지요. “만약 우리가 아담과 이브 시절로 되돌아가야 한다면 저는 그들(생존한 인류의 시조 - 옮긴이)이 미국인이기를 바랍니다. 저는 그들이 유럽이 아닌 이 대륙에 있기를 바랍니다.” 그것은 미국 상원의원의 애국적인 연설이었습니다. 이런 말들이 오가는 상황을 마주하고 저는 계속해서 자문했습니다. 이것이 불가피한 일일까? 새로운 에너지원을 확보하고서 이런 식으로 사용하는 것이 불가피한 일일까? 그 점에 관해 저는 이야기하고 싶은 것이 있습니다.

지구상에서 전개된 과거 생명의 역사에서 최대 사건은 광합성의 발전이었습니다. 살아 있는 유기체는 유기 분자들로 된 일종의 수프에서 생겨났고, 한번 생성된 후에는 반대로 생존을 위해 그 유기 분자들을 삼키기 시작했습니다. 그대로 계속됐다면 어쩔 수 없이 게임은 끝이 났을 겁니다. 생명도 끝이 났겠지요. 하지만 그런 일이 일어나기 전에 유기체는 광합성을 개발했습니다. 태양 에너지를 가지고 자기 자신의 유기 분자를 만들 수 있게 된 거지요. 그 덕분에 지구상에서 생명이 무한정 이어질 수 있게 되었습니다.

두 번째 위대한 사건이 일어났습니다. 그러니까 핵에너지, 즉 원자력에 접근할 수 있는 수단을 발견한 겁니다. 지구상의 모든 생명체의 원동력인 태양광은 이른바 열핵 반응인 수소폭탄 안에서 일어나는 것과 정확히 똑같은 핵 과정을 거쳐 생산되지요. 그리고 오늘날 우리는 열핵 반응을 조절해서 통제된 에너지원으로 사용하기 위해, 거기서 나오는 폭발 이외 다른 것을 얻는 기술을 개발하는 중입니다. 말하자면 우리가 우리 자신의 햇빛을 만들 수 있다는 뜻이지요. 마침내 우리가 지구상의 생명을, 심지어 태양으로부터도 독립할 수 있게 만드는 거지요. 그것은 위대한 해방의 힘이 될 수 있을 겁니다. 하지만 그렇게 되는 대신, 지금의 핵에너지는 인간의 생명뿐 아니라 지구상의 다른 생명 상당수에도 최대 위협이 되고 말았습니다. 그래서 저는 요즘 저에게 이런 질문을 던져봅니다. 이것은 불가피한 일일까? 꼭 이런 식이어야만 할까?

그러다 보니 저는 고대 중국인에게 깊은 호감을 갖게 되었습니다. 여러분은 중국인을 정신 나갔고 도무지 예측할 수 없는 사람으로 알 겁니다. 미국인들은 그렇게 생각하도록 배웠으니까요. 그 정신 나간 중국인이 수 세기 전 유리와 종이를 발명한

데 이어 세계 최초로 가동활자로 인쇄물을 찍었습니다. 그리고 제 기억으로는 8세기경에 화약도 발명했지요. 중국인은 화약을 가지고 뭘 했을까요? 폭죽을 만들었습니다. 제가 들은 바로는 그렇습니다. 그래서 저는 생각했습니다. "아니구나. 생명을 확장할 수 있고 훨씬 더 풍성하게 만들 수 있는 에너지에 접근할 수 있게 됐을 때 그것을 살상에 사용하는 것이 꼭 불가피한 일만은 아니구나."

우리가 안고 있는 또 다른 문제는 이것입니다. 우리는 모든 곳의 핵무기를 제거해야 합니다. 핵무기는 우리의 존재와 지구상의 다른 상당수의 생명을 위협하고 있습니다. 제 말을 오해하지 마시기 바랍니다. 저는 일방적인 핵무장 해제를 이야기하는 것이 아닙니다. 아니고 말고요. 저는 상호 핵무장 해제, 사실은 다자간 핵무장 해제를 바랍니다. 우리는 지금 공포의 균형 속에서 살고 있지요. 중요한 것은 균형입니다. 저는 핵무기 비축분이 단계적으로 줄어들기를 바랍니다. 모든 것이 균형 속에서 절반으로, 10분의 1로, 1퍼센트 수준으로, 그다음에는 완전히 없앨 수 있기를 바랍니다.

세 번째 문제는 인구입니다. 모든 것을 계량하기 좋아하는 생물학자들은 오래전부터 다윈이 말한 '적자생존'의 '적합성'을 어떻게 측정할지 궁금해했습니다. 그 결과 적합성의 최고 잣

대는 재생산의 성공이라고 결론을 내렸지요. 그러니까 '적자'에 해당하는 유기체나 유기체 계열은 자손을 가장 많이 낳고 성적인 성숙기까지 살아남아 다시 번식에 성공하는 개체라는 거지요. 이제 저는 지구상에서 동식물을 막론하고 자기 증식에 성공한 끝에 생존 위협에 처하게 된 첫 생명체가 인간이라고 생각합니다. 세계 인구는 약 35억에 이르렀습니다. 뭔가 예상치 못한 이변이 일어나지 않는 한 그 수는 세기말쯤 두 배가 되겠지요. 하지만 그런 일이 일어나기 훨씬 전에 지구의 많은 지역에서는 유례없는 규모의 기아가 발생할 겁니다. 문제의 핵심은 사람들을 무작정 계속해서 적절히 먹여 살리는 것이 아닙니다. 그렇게 생각하는 것은 너무나 많은 가능성을 품은 인류의 위대한 사업이 이제 와서는 겨우 지구상에 얼마나 많은 사람이 삶을 유지할 수 있는지 보려는 무의미하고 부질없는 역부족의 노력으로 전락하는 것을 받아들이는 일이 됩니다. 그럴 경우 전체 인류의 사업은 창조가 아니라 생산의 훈련으로 바뀌게 됩니다. 결국에는 전적인 파탄에 이르고 말 것입니다. 아무리 관리를 잘한다고 해도 끝이 나게 돼 있습니다. 지구 표면에는 한계가 있고, 자원 역시 대량으로 추출되고 있어서 우리가 아무리 잘 관리한다고 해도 결국에는 고갈되고 말 것이기 때문이지요.

설령 우리가 지금 추세로 인구가 늘어나는 것을 감당할 수 있다고 하더라도 그것이 중심적인 문제는 아닙니다. 핵심은 인간의 수가 아니라 인간 삶의 질입니다. 그런 관점에서 저는 우리가 이미 인구과잉 상태라고 생각합니다. 인도, 중국, 파키스탄, 푸에르토리코 같은 곳만이 아닙니다. 미주와 유럽의 선진국들도 마찬가지입니다.

이 점에서 우리는 또 다른 실수를 범해왔습니다. 저는 살아오는 내내 인구과잉 문제의 본질적 원인은 빈곤층의 과잉출산이라고 들어왔습니다. 빈곤층의 출산율은 너무 높고 부유층은 상대적으로 낮다는 점이 문제라는 거지요. 이런 진단에는 흔히 빈곤층은 유전적으로 열등하다는 가정과 함께, 결과적으로 인류가 유전적으로 열등해지고 있다는 추정이 따라붙습니다.

하지만 지금 우리는 이 문제를 좀 다르게 봅니다. 사실 가장 큰 문제를 만드는 이들은 바로 잘사는 사람과 그 자녀 들입니다. 이들은 최대 소비자이며 최대 공해유발자이지요. 현재 추산으로는 미국인 자녀의 세계 자원 수요가 인도인 자녀보다 50배 높습니다. 개인 단위만이 아니라 국가 차원에서도 그렇습니다. 세계 인구의 6퍼센트를 차지하는 미국이 세계 대체불능 자원의 약 40퍼센트를 소비하고, 세계 산업공해의 약 50퍼센트를 유발하지요. 따라서 가장 큰 문제를 만드는 이들은 바로 잘사는 사람들이고 가장 발전한 나라들입니다.

그렇다면 우리는 무엇을 할 수 있을까요? 우선, 제 생각에는 최대한 빨리 편리하고 안전하고 저렴한(공짜라고 하고 싶군요) 피임과 낙태 수단을 세계 어디서나 누구라도 누릴 수 있게 해야 합니다. 우리가 최대한 빨리 달성하기 위해 노력해야 할 이상은, 세계 어디에서도 여성이 원치 않는 자녀는 갖지 않아도 되게 하는 것입니다. 원치 않는 출산은 태어난 아이에게도 이로울 게 없습니다. 지금 드리는 말씀은 우리가 언제 어디서나 모든 아이를 지금보다 훨씬 살기 좋게 보살펴줘야 한다는 주장과도 일맥상통합니다.

이런 문제들은 너무나 버거워 보입니다. 너무나 빠르게 다가오고 있고 너무나 복잡할 뿐 아니라 해결할 수 없을 정도로 어려워 보이지요. 그렇다 보니 분별 있는 사람이라면 이런 문제를 파악했을 때 돌아서서 딴 일을 하려고 들 겁니다. 만일 할 수 있는 다른 일이 있다면 말이지요. 하지만 그것밖에 없습니다. 다른 대안은 없습니다. 이런 문제들과 정면으로 마주하고 해결해야 합니다. 할 수 있으면 좋은 게 아니라, 반드시 해야만 하는 일이지요. 사느냐 죽느냐의 문제입니다. 저 자신을 '죽음의 예언자'라고는 생각하지 않습니다. 희망의 예언자라고 생각합니다. 저는 의기소침하거나 좌절감을 느끼는 게 아닙니다. 이따금 이 거대한 인간의 사업이 순전히 사소한 이유로 이런 식으로 격

하되는 것에 깊은 분노를 느낄 뿐입니다. 그래서 저는 순순히 받아들이지 않습니다. 그런 운명은 어떤 것도 받아들이지 않습니다. 그런 문제들을 우리가 해결하고 말 거라고 전적으로 확신합니다.

이 모든 이야기를 요약해서 간단히 말씀드리자면 제가 도달한 결론은 이렇습니다. 요즘 우리는 다들 너무나 바삐 쫓겨 살고 있습니다. 그러다 보니 우리 중 누구도 배지 하나에 담지 못하는(배지에 새길 정도의 간결한 구호로 요약되지 않는 - 옮긴이) 정치철학은 생각할 여유조차 없지요. 제가 말씀드리는 철학은 배지 하나에 담을 수 있습니다. '어린이를 위한 더 좋은 세상'입니다. 미국 어린이가 나아가는 대로 미국이 갑니다. 모든 어린이가 나아가는 대로 인류도 갑니다. 우리가 어린이를 위한 보다 나은 세상을 이룩할 때 그것은 어른을 위해서도 보다 나은 세상일 것입니다. 그렇지만 우리가 봐왔듯이 지금은 어린이가 너무나 많습니다. 그래서 저는 한마디 덧붙이고 싶습니다. '더 적은 수의 어린이를 위한 더 좋은 세상'이라고 말이지요. 그런 다음 그 아이들을 모두 잘 돌보자고, 지금보다 훨씬 잘 돌보자고 말씀드리고 싶습니다.

그것이 우리를 위한, 여러분을 위한, 인류를 위한 저의 프로그램입니다. 요즘 저의 생각 속에 늘 머무는 〈신명기〉의 아름다운 구절이 있습니다. 30장 19절입니다. 낭송해보겠습니다.

> 내가 생명과 사망과 복과 저주를 네 앞에 두었은즉 너와 네 자손이 살기 위하여 생명을 택하라.

6장

의미의 물음

A QUESTION OF MEANING

이제 매시 강연의 마지막 시간입니다. 우선 여러분께 말씀드리고 싶은 것이 있습니다. 앞의 강연에서 저는 제가 하려는 이야기의 구조를 짜는 데 신경을 많이 썼습니다. 제가 아는 것을 가르쳐드리고 함께 소통하며 제 뜻을 최대한 분명히 전달하기 위해서였지요. 하지만 이제 강연도 다 끝나갑니다. 가장 중요한 내용은 지금부터 말씀드리려는 것입니다.

제가 제기한 질문들은, 그러니까 우리는 어디에서 왔고, 어떤 존재이며, 어떻게 될 것인지에 관한 아주 작은 실마리들은 본질적으로 과학적인 질문입니다. 저는 과학자로서 이야기하고자 노력했습니다. 그 질문들에 관해 이야기하는 과정에서 결코 저의 과학을 멈추거나 타협하려 하지 않았습니다. 제가 그 질문들에 관해 이야기하는 것을 왜 그렇게까지 중요하게 생각하는 걸까요? 그 질문들은 우리가 늘 대답해야 할 필요가 있는 것이기 때문입니다. 그리고 바로 지금 그 필요성은 어느 때보다도 더 절실해졌습니다. 우리가 계속해서 앞으로 나아가기 위한 희망이 바로 그 질문들에 대한 우리의 답변에 있다고 생각합니다. 심지어 저는 그 답변이 반드시 옳거나 참이어야 할 필요는 없다고 말하고 싶습니다. 우리의 앞길을 잘 인도해주기만 하면 됩니다.

인류에게는 늘 최선을 다해 묻고 답해온 질문들이 있습니다. 그 질문들에 대한 답들이 우리의 종교를 이뤄왔습니다. 제가 생각하는 종교란 바로 그런 것입니다. 사회를 한데 결속하고 준비시켜서 때로는 함께 행동하도록 하거나 때로는 행동하지 않게 하는 것이 종교의 기능이지요. 지금 우리 사회에 필요한 것은 단연코 함께 행동하도록 것이어야 합니다.

그런 질문들을 두고 전통적으로 제시해온 많은 답변 중에서 제가 이번 강연에서 제시한 것이 다른 대부분의 답보다 더 옳으며 참이라고 생각합니다. 실로 현재로서는 우리가 얻을 수 있는 최선의 답변이라고 하겠습니다. 그런 질문들을 던지고 답하는 데는 과학자가 특별한 장점이 있다고 생각합니다.

저는 그 질문들에 대한 저의 답변을 이야기했습니다. 그것은 저의 종교를 구성하는 것이기도 합니다. 한 과학자가 품고 있는 완전히 세속적인 종교이지요. 저의 답변을 가지고서 더욱 전통적인 다른 믿음이나 사고 체계와 어떤 식으로든 다툴 생각은 없습니다. 다만 한 가지 전제가 있습니다. 그 답변이 어떤 것이든 우리가 모두 계속해서 생명의 길을 갈 수 있도록 해주기만 하면 됩니다. 가령 고대 이집트 종교는 죽음에 집착했습니다. 생명보다 죽음을 더 받든 거지요. 급기야 망자의 도시들이 산 사람의 도시들과 경쟁하기에 이르렀습니다. 아즈텍도 비슷한 곤경 속에 빠져들었습니다. 그들은 신을 악한 존재라 여겨 늘 인신 공양을 해야 한다고 생각했고, 그것은 강박이 되었지요. 그래서 끊임없이 전쟁을 일으켰고, 전쟁의 목적도 정치적 지배가 아니라 신에게 바칠 제물로 삼을 희생자를 사로잡는 것이었습니다.

오늘날의 세계에서는 우리가 아는 민족주의야말로 그런 죽음의 종교가 되었습니다. 샤를 드골은 애국심을 조국에 대한 사랑이라 부른 반면 민족주의는 다른 나라에 대한 증오라고 했지요. 인류 역사에서 서구 문명은 바로 평화의 종교라고 하는 기독교의 호위 아래, 다른 문화에는 유례가 없을 정도의 살육 기술을 개발해왔습니다. 그래서 저는 과학자로서 그동안 이야기해왔고 또 지금 이야기하는 것이 있습니다. 우리는 우리가 이성으로 유추할 수 있고 이해할 수 있는 우주에 살고 있으며, 우주는 생명을 낳았고 생명은 우주에서 높은 지위를 차지하고 있으며, 인간은 생명 속에서도 특별히 높은 지위에 있다는 것, 그리고 이 모든 사실을 이해함에 따라 우리는 세 가지 근본적인 질문에 의지할 만하고 신뢰할 만하며 만족스러운 방식으로 답을 하기 시작했다는 것입니다.

제가 믿는 완전히 세속적인 종교에는 초자연적인 요소는 없습니다. 많은 것이 빠져 있지 않으냐고요? 그 질문은 잠시 후에 답하겠습니다. 지금은 이 말씀만 해두겠습니다. 빠진 것은 그리 많지 않습니다. 아마도 가치가 큰 것 중에 빠진 것은 없을 겁니다. 분명코 시와 예술과 감정과 경외감은 빠져 있지 않습니다. 한 가지만 더 말씀드리고 싶습니다. 여러분 중에는 놀라는 분이 계실지도 모르겠습니다만 저로서는 성경도 빼놓을 수 없습니다. 성경에 관해 조금 더 이야기할까 합니다. 저에게는 그것이 여러분이 짐작하는 것보다 훨씬 중요하기 때문입니다. 성경은 단연코 제가 아는 한 가장 흡인력이 강하고 흥미진진하며 아름다운 책입니다. 여러분 모두 이런 상투적인 질문을 들어보셨을 겁니다. 만약 당신이 무인도에 가야 하는데 한 권의 책만 가져갈 수 있다면 무슨 책을 택할 건가요? 제게는 아무런 문제가 안 됩니다. 성경을 택할 겁니다. 단순히 문학적인 차원의 판단이 아닙니다. 역사적으로 우리가 아는 문화에는 모두 신화가 있었다고 생각합니다. 그 신화가 문화의 뿌리를 구성합니다. 저의 신화를 뒷받침하는 것은 성경입니다. 바로 저의 뿌리이지요.

신화는 대단히 중요한 것입니다. 우리는 그런 뿌리가 필요합니다. 뿌리가 있는 곳이 신화이지요. 하지만 그보다 훨씬 더 중요한 점이 있습니다. 성경은 우리가 그것에 관한 지식만 있다면, 모두가 함께 공유할 수 있는 공통의 이미지와 은유를 제공하지요. 그러니 만일 우리가 그것을 잃는다면 많은 것을 잃게 됩니다. 그런 공통의 이미지와 은유만 있으면 우리는 몇몇 단어만으로도 많은 것을 이야기할 수 있습니다. 한 가지 더 있습니다. 성경은 공통의 말을 선사했습니다. 우리가 가져본 최고의 말이지요. 킹 제임스 성경의 영어는 역대 최고의 영어입니다. 한때 1세기 전까지만 해도 그 영어를 우리는 함께 사용했지요. 에이브러햄 링컨의 게티즈버그 연설에 이런 대목이 나옵니다. "여든 하고도 일곱 해 전 우리 선조는 이 대륙에 새로운 나라를 낳았습니다. 이 나라는 자유 속에서 잉태되었고, 모든 인간은 평등하게 창조되었다는 명제에 바쳐졌습니다." 이런 유의 이야기가 바로 킹 제임스 성경에서 그대로 따온 것입니다. 킹 제임스 성경을 토대로 양육되지 않은 사람이라면 아무도 그런 말을 사용하지 않을 겁니다. 그런 말은 한때 모든 미국인이 자유롭게 구사했던 것이지요. 한때는 모든 영어권 사람들이 자유롭게 구사했던 말이기도 합니다. 그러니 제가 그 성경의 표현들로 이야기하더라도 놀라실 게 없습니다. 저는 성경을 읽는 과학자이니까요.

에덴동산의 일화를 이야기해볼까요. 그것이 만약 그리스의 전설이었다면 금지된 과일을 맺는 나무는 지식의 나무였을 겁니다. 하지만 그것은 유대인의 전설이었지요. 그래서 그 나무는 선과 악을 아는 지식의 나무였습니다. 이것은 우리가 지금까지도 탐구하고 있는 영역이기도 합니다. 지식이 선과 악의 지식으로까지 넘어가는 기이한 영역이지요. 이제 우리는 선과 악의 구분이 모든 것을 좌우할 수 있는 대단히 힘들고 고통스러운 시대에 이르렀습니다.

예전에 네덜란드 물리학자 닐스 보어가 이 영역에 속한 무언가를 말하는 것을 들은 적이 있습니다. 제게는 대단히 의미심장하게 들렸는데, 장어의 이동에 관한 이야기였습니다. 제가 앞서 장에서 한 이야기를 여러분도 기억하실 겁니다. 대서양의 유럽과 미주 쪽 해변에 사는 모든 장어는 사르가소 해의 심해로 모여들어 산란합니다. 산란 후 성숙한 장어는 죽고 미숙한 어린 장어는 혼자서 집에 가는 길을 찾아야 합니다. 미주 장어는 미주로 유럽 장어는 유럽으로 가는 데 오랜 시간이 걸립니다. 어린 장어가 돌아가는 길을 어떻게 찾아내는지는 우리 생물학자들도 알지 못합니다. 하지만 어린 장어는 압니다. 보어가 이야기한 것은 그 점이었습니다. 그는 잊지 못할 말을 하더군요. “새끼 장어들이 언제나 완벽하게 길을 찾아가는 것은 바로 자신들이 어디로 가고 있는지 모르기 때문입니다.” 바로 그것입니다. 우리는 어느 정도까지는 우리가 어디로 가고 있는지 압니다. 선악을 아는 지식의 나무 과실을 먹은 결과이지요. 하지만 그런 지식 속에서 우리가 완벽하게 해낼 거라는 모든 확약은 잃어버린 겁니다. 혼자 힘으로 살아가게 된 거지요. 그 결과 우리는 우리 스스로의 길을 택해야 합니다. 우리는 옳고 그름과 선과 악을 선택할 수가 있습니다.

저는 과학자로서 여러분에게 인간은 우주에서 위대한 존재라는 사실을 말씀드리려고 노력했습니다. 인간 안에서, 그리고 그와 비슷한 것 안에서 물질은 자신을 알고 이해하게 되었습니다. 그것은 일종의 절정입니다. 인간을 하찮게 봐온 것은 이제 그만하면 충분하다고 생각합니다. 인간은 충분히 자부심을 가질 만합니다. 한갓 소비자나 도시의 개미 혹은 얼굴 없는 사회적·정치적 단위, 혹은 전인적인 인간에 미달하는 그 어떤 존재로만 머물기에는 너무나 자랑스러운 존재입니다.

인간의 본성에 관해서는 지금까지 아주 다양한 많은 이야기가 있었습니다. 하지만 지금 제가 하려는 이야기는 〈창세기〉의 첫 구절에서 에덴동산의 아담과 이브에 관한 이야기에서 찾은 것입니다. 우리는 그 이야기가 말하는 것을 두고 너무나 잘못된 해석을 들어왔습니다. 그것은 인간의 타락과 원죄를 말하고 있으며 그때 하나님이 인간에게 저주를 내렸다는 해석입니다. 하지만 그 저주라는 것이 무엇이었나요? 그에 대한 답은 자못 이상합니다. 하나님이 인간에게 내린 저주는 생계를 위해 일하는 것이었습니다. 간혹 듣는 것처럼 그렇게 끔찍한 벌은 아닙니다. 그리고 저는 이야기의 끝부분이 무척 마음에 듭니다. 아담과 이브를 마지막으로 만난 자리에서 하나님은 무얼 하고 있지요? 그토록 분노한 하나님이? 좀 놀랍습니다. 하나님이 아담과 이브에게 옷을 만들어준 겁니다. 그리고 마지막에 한 말이 뭐지요? "보라, 인간은 우리 중 하나(one of us)가 되었다"고 합니다. 복수형을 썼습니다. 선악을 아는 '우리' 중 하나라고 말이지요. 그리고 생명 나무의 과실을 먹지도, 영원히 살지도 못하도록 에덴동산을 떠나라고 말합니다. 이것이 바로 하나님이 그 이야기에서 한 말입니다. 즉, 인간은 신처럼 되었으되 불사만 결여했다는 거지요. 인간에게 불사가 없다고요?

저는 자문해봐야 했습니다. '만약 과학자가 믿는 완전히 세속적인 종교가 나의 종교라면 그것은 대체 얼마나 좋은 종교일까? 전통 종교와는 어떻게 비교될 수 있을까? 전통적인 종교가 제공하는 것도 없으면서 나는 어떻게 사람들을 설득해야 할까?' 두 가지가 있다고 생각합니다. (단어를 신중하게 고를 겁니다) 첫째, 과학은 개인의 불사에 대한 믿음을 격려하는 어떤 것도 제공하지 않습니다. 하지만 아시다시피 개인의 불사는 생각하면 할수록 그것을 바라는 마음이 약해집니다. 제가 바라는 불사는 이미 가지고 있습니다. 이 강연 초반에 말씀드렸지요. 현재 살아 있는 모든 생명체는 지구상에서 생명체가 처음 생겨난 이래 끊김 없이 이어져 온 생명의 선을 대표합니다. 그 생명의 연속선 안의 30억 년을 저와 여러분의 생식세포인 난자와 정자가 대표하지요. 그것은 과거를 품은 우리의 그릇이자 미래를 쥐고 있는 우리의 손잡이입니다.

둘째, 과학은 우리의 기도를 듣고 응답하는 어떤 감응력 있는 지성에 대한 믿음을 장려하는 무엇도 제공하지 않습니다. 그렇다고 제가 기도에 반대하는 것은 아닙니다. 기도는 아주 유용한 것일 수도 있습니다. 우리는 기도를 하면서 자신이 요구하고 희망하고 바라는 것을 구체화하지요. 구체화하는 과정에서 그것을 성취하기 위한 걸음을 내딛습니다. 그래서 저는 기도란 자기 자신에게 하는 것이라고 생각합니다. 다만 이때 자기 자신이란 특별한 자아이지요. 더 높은 자아, 자신이 인간에 관해 생각할 수 있는 모든 것에 해당하는 존재입니다. 우리 대부분에게 그것은 신의 개념을 향해서 뻗을 수 있는 최대한 먼 곳에 있습니다. 그러니까, 저의 세속적 종교에서 빠진 것이라고 한다면 지금까지 말씀드린 두 가지입니다. 하지만 그것이 심각한 결여라고는 느끼지 않습니다.

과학자가 믿는 이 완전히 세속적인 종교가 우리에게 제공하는 것도 있다고 덧붙여야겠습니다. 한 가지는 전폭적인 현실의 수용입니다. 저는 우리에게 현실보다 더 좋고, 더 경이로우며, 더 아름답고, 더 큰 희망을 주는 것을 알지 못합니다. 과거 많은 종교는 아주 일상적이고 수용할 만한 것을 너무나 많이 배격해 왔습니다. 너무나 이상한 선택들을 해온 거지요. 종교는 찬사와 멸시의 용어로 가득했습니다. 그 선택들은 아주 의아했습니다. 육체와 물질, 메커니즘과 우연을 배척한 거지요. 우연을 말할 때는 언제나 '단지 우연'이라든가 '우연에 지나지 않는'과 같이 다른 단어와 함께 지칭했고 그런 식으로 배척했습니다. 반면에 제가 가진 믿음은 현실, 모든 현실을 수용하는 것입니다. 우주를 긍정하는 이야기입니다. 그것이 제가 바라는 길입니다.

끝으로, 제가 실로 대단히 중요하게 생각하는 것은 과학의 본질과 전통 종교의 본질에 있습니다. 과학은 질문에서 질문으로 나아갑니다. 과학의 일은 끝없이 찾고 의미 있는 질문을 던지는 것입니다. 모든 대답은 잠정적입니다. 꼭 틀린 것은 아니지만 불완전한 것이어서, 더 다듬고 확장해야만 합니다. 대답에 이르자마자 더 깊은 질문이 생기지요. 그렇게 해서 끊임없이 뻗어 나갑니다. 끝없는 지평은 우리 앞에서 계속해서 뻗어 나갈 뿐 결코 닿을 수는 없습니다. 질문이 대답보다 훨씬 중요하지요. 왜냐하면 대답은 모두 잠정적이기 때문입니다. 그것이 과학과 대부분의 전통 종교들과의 심오한 차이입니다. 종교는 답을 준다고 주장합니다. 그것도 흔히 최종적인 답을 자신하지요. 그런 답에는 엄청난 취약점들이 있습니다. 종교는 도무지 변호할 수 없게 된 것을 끊임없이 변호하고, 유지할 수 없는 태도를 고수하려고 애씁니다. 저는 이렇게 자문할 때가 많습니다. 종교는 전통적인 의미에서라도 대답보다 질문의 종교, 발견보다 탐구의 종교일 수는 없을까? 그런 종교가 대답의 종교만큼이나, 아니 실제로 그보다 더 만족스럽지는 않을까?

저는 이런 이야기를 들은 적이 있습니다. 거트루 스타인(미국 작가 - 옮긴이)이 죽기 전 침상에서 신앙심 깊은 앨리스 B. 토클라스(스타인의 파트너 - 옮긴이)를 향해 물었습니다. "앨리스, 답은 무엇인가요?" 앨리스가 아무런 답을 하지 않자, 거트루드는 다시 이렇게 물었다지요. "그러면, 앨리스, 질문은 뭔가요?"

우리가 질문은 안다고 생각합니다. 궁극의 질문은 의미 중 하나, 삶의 의미에 관한 것입니다. 삶은 도대체 무엇이냐는 거지요. 끝이 없는 질문입니다. 답도 없습니다. 하지만 영원히 계속해서 묻고, 최선을 다해 답하려고 노력해야 하는 질문이지요. 그에 대한 저의 답은 의미란 우주의 끝없는 펼쳐짐에 있다는 것입니다. 좋은 시기에 생명을 낳았던 우주의 펼쳐짐, 좋은 시기에 인간을 낳았던 생명의 펼쳐짐 말입니다. 이런 생각을 하다 보면 또 다른 질문이 떠오릅니다. 인간은 자신을 어떻게 펼쳐나갈까? 우리 앞에는 무엇이 있을까?

저는 생물학자이다 보니 이런 질문을 꽤 자주 받았습니다. "인간이 아직도 진화 중이라고 생각하신다니 묻겠습니다. 인간은 어떤 방향으로 진화하고 있는 건가요? 인간이 계속 진화하면 앞으로 어떻게 될까요?" 저는 사람들에게 우리가 그 질문에 대한 답을 알지 못하고 알 수도 없다는 것이 가장 멋진 일이라고 말해주려고 노력합니다. 자연 선택은 자신의 방향을 따라갈 뿐이지요. 그전에 미리 방향을 읽을 수는 없습니다. 제가 읽을 수 있는 것은 아주 사소한 것입니다. 가령 앞에서 언급했듯이, 우리는 아주 최근에야 꼬리를 잃었습니다. 그리고 지금 발가락을 잃어가는 과정에 있는 것 같습니다. 발가락은 이제는 쓸모가 없습니다. 순전히 장식용이 되었지요. 이런 사소한 것 말고, 인간은 앞으로 어떤 모습으로 전개될까요? 제가 보기에 인간의 희망은 점점 더 인간적으로 되어가는 데 있습니다. 그게 무슨 뜻일까요? 이 질문은 우리로 하여금 인간 고유의 특성인 안다는 것과 창조한다는 것으로 다시 돌아가게 만든다고 생각합니다. 인간은 독특하게도 과학을 만드는 동물이며 예술을 만드는 동물입니다. 이 점이 바로 인간을 인간이게 합니다. 거기에 인간의 미래가 있다고 생각합니다.

이런 생각이 엘리트주의적인 것일까요? 예술과 과학은 소수만을 위한 것일까요? 전문적인 과학자와 예술가를 생각하면 아주 소수인 것이 사실입니다. 하지만 제 말은 그런 뜻이 아닙니다. 인간에 관한 이런 생각이 우리를 아주 다른 방향으로 이끈다고 생각합니다. 모든 어린이야말로 과학자이자 예술가의 시작이기 때문입니다. 전문 과학자와 예술가가 되는 소수에게 멋진 일은 결코 더 성장할 필요가 없다는 겁니다. 그들은 모든 어린이가 그런 것처럼, 질문을 던지고 답하려고 애쓰는 일을 결코 중단할 필요가 없습니다. 또 그들은 모든 어린이가 그런 것처럼, 창의적인 것을 만들고 창의적인 일을 벌이는 것을 결코 중단할 필요가 없습니다. 또 그들은 모든 어린이가 그런 것처럼, 타인이 아닌 자신을 넘어서려고 부단히 애쓰는 것을 결코 중단할 필요가 없습니다. 과학자는 계속 그렇게 해서 늘 점점 더 많이 아는 소년·소녀가 될 특권이 있고, 예술가는 점점 더 능숙한 소년·소녀가 될 특권이 있습니다. 그보다 더 좋을 게 없지요.

제 평생에 알게 된 가장 위대한 인물은 알베르트 아인슈타인과 닐스 보어, 알프레드 노스 화이트헤드입니다. 그들은 제가 아는 가장 자유로운 사람들이고 가장 천진난만한 사람들이었습니다. 제가 이렇게 말씀드려도 개의치 마시기 바랍니다. 그들은 흡사 작은 강아지들처럼 그들의 호기심을 자극하거나 흥미로운 뭔가가 있을 것 같은 곳이라면 어디든지 모든 구석을 향해 돌진했습니다. 그들 주변에는 담장이라고는 없었습니다. 그래서 저는 좋은 사회, 최선의 사회의 초석이 무엇이어야 하는지 자문할 때면, 그것은 칼로리(음식 - 옮긴이) 이상의 무엇이라고 생각합니다. 사람들이 그런 칼로리를 섭취할 수 있기를 바라면서도 말이지요. 또 그것은 의복과 주거, 그리고 모든 먹는 것 이상의 무엇이라고 생각합니다. 모든 사람이 그 모든 것을 누릴 수 있기를 바라면서도 말이지요. 저는 그 이상의 무엇, 인간만의 독특한 것을 바랍니다. 좋은 사회의 초석은 그저 사람들을 먹이고 입히고 돌보는 것에 그치지 않고, 좋은 과학과 좋은 예술의 생산도 왕성한 사회여야 한다고 생각합니다. 그런 사회는 어린이들에게 좋은 사회일 것입니다. 끊임없이 펼쳐지고, 끊임없이 놀라움을 주고, 언제나 새롭게 할 일이 있고 배울 것이 있어서 분주한 세상, 결코 어린이이기를 그칠 필요가 없는 세상, 영원한 학습과 영원한 창조를 위한 세상, 우리를 낳은 우주가 더욱더 위대한 성취를 거두는 세상, 그럼으로써 모든 어린이에게 더 좋은 바로 그런 세상입니다.

제2부

조지 월드와의 인터뷰

생명의 기원

루이스 아우어바흐

모든 세포는 발효한다고 말씀하셨지요. 우리 몸의 세포도 발효하고 있다는 뜻인가요? 우리도 발효하나요?

조지 월드

우리도 발효하는 게 확실합니다. 아주 큰 규모로요. 평소에는 호흡을 하지요. 흡사 효모균이 산소를 얼마간 흡수하면서 호흡하는 것처럼 말이지요. 하지만 가령 빨리 달리기 시작할 때는 처음 몇 걸음 동안만 운동에 필요한 호흡을 유지할 수 있을 뿐, 달리는 동안에는 호흡이 아닌 발효에 의존합니다. 우리가 발효를 한다는 신호는 격렬한 달리기를 멈췄을 때 숨을 헐떡이는 것입니다. 거칠게 숨을 쉬는 것은 그때까지 발효에서 생긴 부산물을 제거하는 과정에 있기 때문이지요. 하지만 발효를 하면서 생기는 부산물에 관해서는 안타까운 사실이 있습니다. 당분을 발효할 때는 술을 만들어내는 대신 유산을 만들어냅니다. 빨리 달린다고 해서 술에 취하는 게 아니라 몸이 지칠 따름이지요.

근육 피로는 근육과 혈액 안에 유산이 쌓이는 것입니다. 몸속에 산이 남아 있는 동안에는 숨을 거칠게 쉬게 됩니다. 달리기를 중단하면 곧바로 호흡이 따라잡기 시작해서 유산을 태워 없애지요. 유산이 없어지면 곧바로 정상으로 돌아오게 되고 호흡도 다시 원 상태로 돌아옵니다. 과정은 그렇습니다. 당분을 알코올로 발효시키는 능력을 어떻게 해서 잃게 되었는지는 의아합니다. 그런 면에서 우리가 효모균과 다른 점은 효소 하나에 불과합니다. 효모균에는 그게 있는데 우리는 없지요.

루이스 아우어바흐

박사님이 말씀하신 다른 가능한 세계 중 한 곳에

서는 우리와 닮았으면서 알코올까지 만드는 동물이 있을 수 있다고 생각하시는지요?

조지 월드

흥미로운 질문이군요. 저의 대답은 '아니오'입니다. 좀 고상하게 말씀드리자면, 알코올은 독인 데다, 효모균이 만들어낸 알코올로는 얻을 것이 거의 없습니다. 밀폐된 공간 안에 효모균을 두고 알코올 발효를 하는 실험을 하면 마지막에는 효모균 전부가 배양액 병 밑바닥에 죽어 있는 걸 보게 될 겁니다. 효모균이 알코올에 독살된 거지요.

알코올이 만들어지는 족족 계속 제거할 수 있을 만큼 막대한 양의 물속에 있다면 누구든지 알코올을 계속해서 만들 수도 있을 겁니다. 하지만 우리처럼 훨씬 자족적인 데다, 육지 위로만 걸어 다녀서 부산물이나 배설물로 생산되는 모든 물질을 곧바로 제거할 수 없는 생물은 즉시 심각한 상황에 부닥칠 겁니다. 사실, 우리가 알코올 발효를 한다면 거의 온종일 취한 상태에 있을 겁니다. 그래서 저는 우리가 발효의 부산물로 알코올 대신 유산을 생산하게 된 것은 좋은 일이라고 생각합니다. 피로를 느끼거나 지치게 되는 장애가 있긴 하지만 그런 것은 우리가 좀 더 손쉽게 대처할 수 있지요.

루이스 아우어바흐

말씀하신 내용에서 도출할 수 있는 분명한 함의 중 하나는 생명은 일어날 수 있는 곳에서는 일어난다는 겁니다. 다시 말해, 개연성이 있는 것은 반드시 일어난다는 얘긴데요, 놀라운 일입니다.

조지 월드

그 점에 관해 한 말씀드린다면, 우리가 너무나 이해를 못 하는 것이 한 가지 있는데 그것은 바로 우주에서 가능성(chance, '운'이라는 뜻도 함께 담고 있다 - 옮긴이)의 역할입니다. 어떤 것이 일어날 가능성이 없으면 아무것도 일어날 수 없습니다. 명백한 사실은 우리가 이곳에 있어서 생명이 이런 식으로 발생할 가능성이 있는 거지요. 하지만 저는 그것을 개연성이 대단히 낮은 현상이라고 말합니다. 지금 현재로는 그렇습니다. 하지만 아시다시피 개연성이 그만큼 낮다는 것은 단지 시간이 더 오래 걸린다는 것을 의미할 뿐입니다.

그것이 핵심입니다. 개연성이 더 높은 것은 더 빨리 일어나고, 낮은 것은 시간이 더 걸리지요. 실제로 일어나는 것은 확실합니다. 이치는 그렇습니다. 생명이 일어나기 위해서는 오랜 시간을 기다려야 하지요. 하지만 시간만 충분히 주어진다면 반드시 일어나고 맙니다. 시간이야말로 전체 계획의 주인공이지요. 개연성이 그토록 낮은 것도 결국에는 확실성으로 바꿔놓으니까요.

루이스 아우어바흐

조금만 더 들어가 볼까요? 저는 박사님께서 지구상에서 생명이 끝날 개연성에 관해 말씀하신 강연문을 읽었습니다. 거기에서 박사님께서는 지구상에서 일종의 완전한 홀로코스트(인류 멸종)가 일어날 가능성에 관해 말씀하시면서, 어떤 과학자가 제시한 2퍼센트라는 수치에 50을 곱하면 사실상 거의 확실하다는 결론이 나온다고 하셨지요. 그 점에 대해 다른 방식으로 물어보겠습니다. 생명이 시작될 개연성이 있다면 생명이 끝날 개연성도 최소한 그만큼은 되지 않을까요?

조지 월드

그 문제는 이번 강연의 조금 뒤쪽에서 말씀드릴 생각입니다. 다만 지금은 아우어바흐 씨가 언급한 강연은 다음 시대에 전면적인 핵전쟁이 일어날 개연성, 저의 평가가 아니라 이른바 전문가의 평가에 관한 이야기라는 말씀만 드리겠습니다. 그 말은 생명이 끝난다면 그것은 바로 우리가 생명을 종말에 이르게 했기 때문이라는 뜻입니다. 지질학적인 과정이 아니라 전적으로 인간적인 과정이라는 거지요. 그래서 무척 큰 걱정거리입니다. 예상 수치가 그렇게 나온 것은, 그 전문가의 말인즉 전면 핵전쟁이 일어날 확률을 연 2퍼센트 정도로 추산했기 때문입니다. 그러면 계산은 아주 간단합니다. 1990년까지는 확률이 3분의 1 정도가 된다는 말이고, 2000년까지는 2분의 1, 즉 전면적 규모의 핵전쟁이 일어날 확률이 50퍼센트에 이른다는 이야기가 됩니다.

루이스 아우어바흐

생명이, 아마 그리 쉽지는 않겠지만 그토록 확실하게 발생하는 것이라면, 왜 과학자는 생명을 만드는 데 성공할 수 없나요?

조지 월드

과학자들이 생명이 어떻게 생성되는지 최소한 그 원리를 이해했다면 왜 시험관에서 생명을 창조하지 않느냐는 질문이지요? 무척 자주 듣는 질문입니다. 가끔 우리는 생명을 만들어냈다는 뉴스를 접하곤 합니다. 하지만 실제로 일어난 적은 없습니다. 대부분의 비생물학자들은 이것이 우리 세대의 최대 과제라고 생각하는 것 같습니다. 하지만 절대 그렇지 않습니다. 그 문제에 신경을 쓰거나 직접 깊이 관심을 갖는 생물학자는 아주 아주 드뭅니다. 대단히 극소수의 생물학자들만이 문제나 그 주변의 문제를 연구하고 있을 뿐입니다.

우리가 인내심을 발휘할 수 있다고 생각합니다. 잠시 기다릴 수 있습니다. 제 추산으로는 머지않아 20~30년 내, 어떤 생물학자가 올바른 것들을 제대로 된 방법으로 종합해낼 겁니다. 그러면 우리는 살아 있는 물질 방울이 형성되는 것을 보게 되겠지요. 그 과학자는 무척 흥분할 겁니다. 그때까지 제가 살아 있을지는 의심스럽지만 만약 살아 있다면 저 역시 무척 흥분할 겁니다. 그 생물학자는 틀림없이 서둘러 집에 가서 아내에게 뽐낼 겁니다. 자신이 방금 시험관에서 생명을 창조했다고 말이지요. 하지만 사실은 그가 만들어낸 것은 아무것도 없을 겁니다. 단지 그런 조건을 조성한 것뿐입니다. 적절한 환경하에 적절한 것들을 모아놓았을 겁니다. 그런 후에 그가 할 수 있는 것이라고는 그저 지켜보는 것이지요. 분자들이 자신을 살아 있는 물질 방울로 조직화하는 과정을 말입니다.

인간의 기원

루이스 아우어바흐

말씀을 듣고 있으니 박사님의 이야기는 과학이 아니라 설교라고 생각하는 분도 있겠다는 생각이 드는군요. 이런 생각에 동의하세요? 그 점에 관해 하실 말씀이 있으신가요?

조지 월드

글쎄요, 아주 흥미로운 생각이군요. 그 문제를 제기해주셔서 기쁩니다. 보시다시피, 제 이야기는 결코 설교가 아닙니다. 설교라는 것이 보통 목사가 일요일 아침마다 신도들에게 이야기하는 유의 것을 뜻한다면 말이지요. 제 이야기는 충고나 권고가 아닙니다. 저는 의식적으로 어떤 경우에도 모호한 감정을 유발하는 단어는 사용하지 않으려고 합니다. 물론 가끔은 저의 감정을 싣는 때도 있을 것 같긴 합니다만, 그것은 좀 다른 문제입니다.

또한 설교에서 벗어나기 위해 과학의 권위를 사용하고 있는 것도 아닙니다. 이전에는 그런 일이 너무나 잦았지요. 과학의 권위를 가지고 이야기한 후에는 "아, 네. 하지만 그걸로는 충분치 않습니다. 그 이상의 뭔가가 있지요. 다른 뭔가가 있습니다"라는 말까지 하는 과학자들이 있다는 것을 모두 알지요. 이런 사람들은 그런 말을 한 다음에는 다른 영역으로 이동해서는 우리에게 과학과는 분명히 다른 하나의 종교를 제시하지요. 그렇지만 저의 경우에 종교와 과학은 하나의 세계이고 하나의 우주입니다. 그게 제가 말씀드리는 것의 핵심입니다. 그렇다면 우주에서 과학의 자리는 어디일까요? 과학의 자리는 이해를 달성하는 것입니다. 청취자 여러분께 제가 과학자로서 알게 된 것, 이미 과학의 성과물로 알고 있는 것만 이야기하려고 합니다.

아시다시피, 저는 신비주의야말로 손쉬운 출구라고 생각합니다. 똑같은 목적지에 도달하기 위한 게으른 방법이지요. 반면에 힘든 방법은 신중

한 관찰과 실험으로 이뤄지는 길고 고통스러운 작업(과학적 탐구 - 옮긴이)입니다. 특별한 점은 그 작업 역시 여러분을 목적지에 데려다준다는 거지요. 바로 그것이 이 강연의 목적입니다.

루이스 아우어바흐

만약 종교적 관점이 하나의 세계관이고, 과학 또한 어떤 종류의 세계관을 수반한다면 그리고 이 말이 둘 다 참이라면, 그런 점에서 우리는 최소한 박사님께서 과학 대신 설교를 하고 있는 것이라고 말할 수 있지 않을까요?

조지 월드

글쎄요, 강연을 시작할 때 제시하고자 한 것은 제가 믿고 있는 완전히 세속적인 종교, 즉 한 과학자의 종교라고 말씀드렸습니다. 그리고 지금 여기서 그렇게 하려고 노력하는 중입니다. 하지만 저의 과학과 절대 타협하지 않고 있습니다. 이 강연을 시작할 때 어느 시대 어디서나 인간은 같은 질문을 해왔다고 말씀드렸습니다. 우리는 어디서 왔고, 어떤 존재이며, 앞으로 어떻게 될지 최소한 약간의 실마리라도 얻고자 해왔지요. 이 중 우리가 어디서 왔느냐는 것은 바로 과학적인 질문이며, 저는 과학자로서 그 질문에 답하던 중이었습니다. 우리가 어떤 존재이냐는 질문도 우리가 같은 우주 안에 있으므로 과학적인 질문이라고 생각합니다. 그래서 그것에 관해서도 이야기하던 중이었습니다. 앞으로 우리가 어떻게 될 것인가에 대한 실마리는 남아 있는 한두 차례 강연에서 논의할 생각입니다.

루이스 아우어바흐

박사님께서는 사회에 관한 한 기술적인 설명 방식보다 생물학적인 설명 방식을 선호하신다고 말씀하셨습니다. 만약 민주주의가 제대로 작동하지 않으면 어떻게 될지 궁금합니다. 그런 경우 박사님께서는 계획 사회, 기술적으로 정해진 사회를 선호하시겠습니까?

조지 월드

글쎄요, 앞으로 할 강연에서 그 문제도 이야기하게 될 것 같습니다만, 지금 답하겠습니다. 지금 젊은 세대의 한 가지 어려움은 그보다 윗세대인 우리 세대가 엄청나게 다양한 정치 실험을, 특히 제1차 세계대전 후에 많이 해왔음에도 제가 보기에는 그리 매력적이지 않은 것으로 판명이 났다는 사실입니다. 우리는 공산주의에서부터 파시즘, 우파 군사독재, 최근에는 좌파의 얼마간 새로운 실험에 이르기까지 많은 종류의 계획 사회를 실험해봤지요. 하지만 제가 보기에는 그 어떤 것도 인간과 인간성, 유연성, 살아 있는 유기체와 결부된 특성을 위한 희망을 선사하지는 못한 것 같습니다. 이런 것이 민주주의에서는 가능합니다. 그래서 저는 실험을 계속할 수 있는 개방된 체제를 달성하기 위한 투쟁을 이어가려고 합니다. 우리는 시간이 흘러감에 따라 새로운 방식으로 변화를 만납니다. 환경에 대한 우리의 적응이 체제 안으로 구축되기 때문이죠. 저는 민주주의를 그런 것으로 이해합니다.

루이스 아우어바흐

하지만 다른 체제, 가령 민주적인 체제를 상상할 수도 있지 않을까요? 계획과 더불어 박사님께서 말씀하신 개방성이 있는 민주주의까지 포함한 체제 말입니다. 박사님의 견해 속에서도 그런 체제가 가능할까요?

조지 월드

제가 옹호하는 것은 우리가 무정부주의라 부르는 체제는 아닙니다. 누구나 계획이 있습니다. 그리고 민주주의 안에서도 늘 다양한 파벌이 있어서 서로 갈등합니다. 파벌마다 계획이 있고 바라는 구도가 있지요. 우리가 가치 있게 여기는 결과를 낳을 수 있는 것도 생존을 위한 경쟁이 있기 때문입니다. 모든 것을 실험해보는 거지요. 누구나 계획은 있지만, 늘 목전의 계획이고 단기 계획입니다. 저는 장기 계획에 대해서는 의심이 아주 많습니다. 환경은 끊임없이 변하기 때문에 다음 계획과 다음 할 일을 생각해둔다 해도 결과를 절대 확신할 수 없습니다. 때로는 결과가 계획하던 것과는 아주 딴판으로 나오기도 합니다. 그래서 그저 관망해야 할 때도 많습니다. 그런 후에 다시 적응하는 거지요. 제가 가장 신뢰하는 것은 그런 방식입니다.

프로그램이 없다면, 계획이 없다면 조금도 움직일 수 없을 것입니다. 하지만 그것은 단기 게임입니다. 그래서 계획을 실제로 실행에 옮겨서 효과를 냈을 때 그것이 애초 희망한 대로 결과를 가져올지는 절대로 확실치가 않습니다. 따라서 늘 피드백에 의존해야만 합니다. 살아 있는 유기체와 다를 게 없지요. 모든 것을 시도해본 후에 자신이 처한 시기와 장소에서 좀 더 낫게 작동하는 것을 선택합니다. 절대적인 것은 없습니다. 영구적인 해결책도 존재하지 않습니다. 이것은 바로 살아 있는 유기체가 생존하는 방식이며 민주주의가 추구하는 작동 방식이기도 합니다.

해답들

루이스 아우어바흐

저는 앞의 네 강연이 모두 생명의 가능성과 좋음, 그리고 창조적 힘의 경이로움을 좀 더 의식적으로 긍정하는 내용이라는 점에 주목했습니다. 반면 이제는 강연 초반에 보여준 그런 긍정적인 스타일에서 상당히 벗어나신 것 같습니다. 왜 지금은 다르지요? 확신을 잃으신 건가요?

조지 월드

전혀 그렇지 않습니다. 제가 첫 강연에서 과학과는 반대되는 기술의 문제를 제기한 것을 기억하실 겁니다. 그때 이렇게 말씀드렸지요. "최대한 많이 알되 사회적으로 유용한 것만 실행에 옮기세요." 그다음으로 저는 인간에게 펼쳐진 진정한 우주 차원의 무대를 설정하고 청취자 여러분도 저처럼 느끼게 하려고 노력했습니다. 그러니까 인간은 우주의 역사에서 차지하는 커다란 부분의 일종의 정점이며 우주에서 대단한 존재라는 사실 말입니다. 실로 인간은 매우 대단한 존재이고, 매우 고상하게 될 잠재력을 가진 존재여서 그만큼 대단하고 고상하게 행동해야만 합니다. 다섯 번째 강연에서는 우리 시대를 이야기하기에 이르렀습니다. 심각한 곤경에 처한 시대이지요. 제가 작은 공룡 우화를 들어 이야기하려는 것도 지금 시대의 기술에 관한 생각을 전하려는 것입니다. 기술을 추구하는 것도 기술의 생산자를 위해서가 아니라, 기술과 더불어 살아갈 사람을 위한 것이어야 한다는 생각이 얼마나 중요한지 알아야 한다는 이야기입니다. 따라서 이런 논의가 앞의 강연에서 한 이야기와 단절된 것이 결코 아니라고 생각합니다. 이야기의 연속선에서 현재에 이르렀을 뿐이지요.

루이스 아우어바흐

공룡 우화 이야기로 자연스럽게 연결되는군요.

공룡이 멸종한 것은 두뇌가 작아서였기 때문이고, 그래서 우리가 더 좋은 기회를 얻었다(운이 더 좋았다)고 생각하시나요?

조지 월드

이야기의 핵심은 우리가 공룡처럼 되었다는 것입니다. 공룡은 아주 초기의 과소비자였고 그 나름의 환경오염자였습니다. 두뇌 크기에 비해 덩치는 끔찍할 만큼 지나치게 컸다는 것뿐이지요. 이런 질문도 가능합니다. 두뇌가 더 컸으면 생존에 도움이 됐을까? 물론입니다. 그랬다면 상황을 균형 있게 조정할 수 있는 기술을 생산해 거대한 몸집을 따라잡는 데 도움을 얻을 수 있었을 테니까요. 공룡이 멸종한 것은 균형을 잃었기 때문이거든요. 그렇게 작은 뇌로 그토록 큰 몸집을 유지하며 살아가는 데는 문제가 너무나 많았습니다.

반면 우리는 크기가 적당했습니다. 하지만 기술의 형태로 팽창하기 시작해서, 우리의 힘, 그러니까 현재 두뇌 대비 힘의 비율(공룡의 두뇌 대비 신체의 비율)이 다시 공룡처럼 막대한 크기로 성장하기에 이르렀고 우리는 다시 재앙의 벼랑 끝에 내몰렸습니다. 그러므로 균형을 되찾아야 합니다.

루이스 아우어바흐

'더 적은 수의 어린이를 위한 더 좋은 세상'을 말씀하십니다. 하지만 적어도 몇몇 사람은 어린이가 가장 많은 상대적 빈국들이 어떤 식으로든 산아제한 제도화에 소극적인 것 같다고 말합니다. 어떻게 설명하시겠습니까? 이런 문제를 해결할 방법이 있을까요?

조지 월드

그 질문을 해줘서 기쁩니다. 해야 할 이야기가 많으니까요. 아주 필요한 이야기이기도 합니다. 저는 우리가 인구를 제한하는 것이 절대적으로 필요하다고 믿습니다. 특히 가난한 나라와 저개발국가에 가장 필요하다고 믿습니다. 그런데도 저개발국가뿐 아니라 국내 빈곤층의 다수도 보편적인 산아제한을 촉구하면 일종의 집단학살로 보고서 거부하고 맞서 싸우는 것을 봅니다.

그러면 왜 그런가? 저는 '왜'에 관해 이야기하고 싶습니다. 인구 제한에 관심이 생겨서 연구를 시작하면, 수상한 일행을 발견하게 됩니다. 예컨대, 체이스 내셔널 은행도 산아제한에 대단히 관심이 많습니다. 뉴저지의 스탠더드 오일도 마찬가지입니다. 이 나라의 가장 힘센 금융 산업 세력의 일부가 산아제한 촉구를 지지합니다. 왜일까요? 다소 이상한 이유에서입니다. 이 이유를 이해하는 게 좋겠습니다. 기술이 발달하면서 세계 업무의 기계 사용률이 비약적으로 커짐에 따라 인간의 근육은 과거처럼 중요해지지 않게 되었습니다. 과거 세상에 유용했던 인간 근육은 이제 더는 그만큼의 필요가 없어지게 된 거지요. 사실 근육으로 할 일도 많지 않습니다. 그러다 보니 근육의 소유자는 TV를 보고 있습니다. 그들은 풍요롭게 사는 사람들이 어떻게 사는지 보지요. 그 결과 기대의 혁명이 일어나 세계 전역으로 퍼져가고 있습니다. 그들도 물건을 원합니다. 그들의 근육은 이제는 어디에도 필요하지 않지만, 그들 역시 음식과 의복, 교육, 그 밖의 삶에 필요한 모든 종류의 좋은 것들을 바랍니다. 그러다 보니 오히려 골칫거리가 되었습니다. 그래서 옳은 이유에서뿐 아니라 잘못된 이유에서도 그들은 산아제한을 제안받고 있습니다. 사실은 강요받고 있는 거지요.

이런 곤경을 벗어날 해법은 무엇일까요? 저는 사람들을 돌보는 것이 해법이라고 생각합니다. 모든 사람을 돌보는 것입니다. 만약 여러분이 그들을 돌보려고 한다면 그들에게 이런 식으로(산아제한이 필요하다고) 이야기할 수 있습니다. 만약 여러분이 그들을 돌보지 않을 거라면, 그들이 자신을 돌봐야 하고 대규모로 피난에 나서야 합니다. 바로 그것이 지금 그들이 하는 것입니다. 따라서 그 두 가지가 함께 간다고 생각합니다. 산아제한의 촉구와 어느 곳의 사람이든 모두를 돌볼 책임 말입니다. 대부분은 어린이들이지요. 우리는 모든 곳의 모든 어린이를 돌봐야만 합니다.

루이스 아우어바흐

생활 수준이 생존하기에 절박한 수준이나 그 이하로 내려가면 아이들을 갖고 싶은, 그러니까 출산의 욕망과 욕구가 커지게 되나요?

조지 월드

상당히 보편적으로 작용하는 어떤 자동적인 힘이 있습니다. 그것에 관해 조금 말씀드리겠습니다. 모든 산업 사회의 출산율이 농업 사회보다 현저히 낮다는 것은 완벽한 진실입니다. 하지만 욕구에 관해 이야기하자면 좀 더 복잡합니다. 농장에 일손이 많을수록 일을 많이 하게 되는 것은 사실입니다. 그게 인간의 근육이지요. 세상에는 여전히 인간 근육이 유용한 곳도 있습니다. 농장도 그중 하나이지요. 또 다른 요인도 있습니다. 농업 사회는 종종 선진국에는 있는 위생시설과 의료 혜택이 없는 경우가 많습니다. 그래서 영아사망률이 아주 높게 마련이지요. 그러다 보니 적정 규모의 가족을 유지하기 위해서라도 그야말로 대가족으로 시작해야만 합니다. 그래서 농업 사회가 산업 사회보다 출산율을 훨씬 높게 유지하는 경향이 있지요.

한 가지 더 이야기할 게 있습니다. 대단히 중요한 사실입니다. 중국과 인도, 파키스탄, 푸에르토리코 같은 나라의 경우에 특히 그렇습니다. 인류 역사를 통틀어 농업 사회가 산업 사회로 변하는 과정에서 인구가 두 배, 세 배 늘어나지 않은 경우는 한 번도 없었다고 생각합니다. 그런 일은 완전히 자동으로 일어납니다. 사람들의 바람과는 무관한 일이지요. 세상이 돌아가는 방식일 뿐입니다. 만약 여러분이 정말 가난한 저개발국에 가서 도움이 되는 일을 하려고 하면, 하는 일마다 영아 사망률을 낮추고 그럼으로써 전체 사망률을 낮추는 효과가 있다는 사실을 알게 될 겁니다. 하수도를 파든지, 의사를 데려오든지, 더 많은 음식을 보급하든지, 하는 것마다 모두 인구 증가를 낳는 데 즉각적인 효과가 있습니다. 잘 일어나지 않고 과거에 일어난 적도 없는 어떤 이변이 일어나지 않는 한, 여러분이 그 나라에 좋은 일을 해서 개발을 하면 할수록 그 나라 인구는 계속해서 두 배 세 배로 늘어나기 마련입니다. 말할 것도 없이 그런 일은 그 나라에 재앙이자, 그 나라의 여건을 개선하려는 모든 희망에 역행하는 일이 될 수 있습니다.

루이스 아우어바흐

가톨릭교회가 낙태나 피임에 반대하는 태도를 보이는 것은 어떻게 생각하세요?

조지 월드

당연히 큰 문제입니다. 가톨릭 신자가 아닌 사람은 물론 많은 신자도 걱정하는 부분이지요. 가톨릭교회가 취하는 태도, 특히 낙태에 관한 입장은 그것이 일종의 살인이라는 거지요. 핵심적인 질문은 인간의 생명에서 어느 시점에 임신에 개입하는 것이 살인에 해당하느냐는 겁니다. 다시 한번 생물학자로서 말씀드립니다. 어느 시점을 택하더라도 자의적이라고 생각합니다. 가톨릭교회가 선택한 시점은, 제가 이해하는 바로는 정자가 난자에 들어가는 시점입니다. 그전 단계는 걱정하지 않습니다. 하지만 생물학자로서 저는 정자 세포도 살아 있으므로 인간이라고 봅니다. 실제로 그렇습니다. 하지만 우리는 그것에 대해서는 걱정하지 않습니다. 난자, 모든 가임 여성이 약 28일마다 만들어내는 난자도 걱정하지 않지요. 하지만 난자 역시 살아 있으므로 인간입니다.

제가 볼 때 정자가 난자 속으로 들어가는 시점에 인간 생명이 시작된다고 선언하는 것은 자의적입니다. 사실 생물학자인 저로서는 난자가 정자의 혜택 없이도 배아가 되게 할 수 있다는 사실을 압니다. 배아가 인간이 되는 시점, 즉 어느 정도의 인격을 달성하는 시점은 태어났을 때라고 생각합니다. 하지만 이런 생각은 아주 심각한 문제를 제기하지요. 그래서 제 느낌으로는 우리에게 가장 필요한 것이면서, 현재 아주 열심히 연구되고 있어서 어느 정도 조기 성공의 전망도 보이는 것이 낙태 알약입니다. 이 약의 사용 시기가 빠를수록 낙태로 인한 문제도 심리적으로나 신학적으로나 줄어들 것입니다. 제 생각에는 머지않아 낙태는 지금처럼 어렵거나 비용이 들지 않을 것입니다. 낙태는 아이를 낳는 만큼 위험하지는 않더라도 외과수술인 이상 일정 부분 위험이 따르지요. 조만간 낙태 알약이 출시된다면 이 모든 것이 훨씬 쉬워질 것으로 생각합니다.

마지막으로 한 가지만 더 말씀드리고 싶습니다. 지금 제 이야기는 낙태가 아직 시행되지 않은 세상에서 낙태를 촉구하고 있는 것이 아닙니다. 감히 말씀드리자면, 이미 낙태는 오늘날 세계에서 시행되고 있는 산아제한의 주요 방법일 뿐 아니라, 특히 가톨릭 국가에서 두드러진 현상입니다. 그 이유는 바로 산아제한의 다른 수단이 없기 때문이지요. 그 나라의 불법 낙태 정도에 관한 통계는 늘 의심스럽습니다만(쉽사리 얻을 수 없는 유의 통계이니까요) 우리가 아는 가장 신뢰할 만한 출처에서 나온 최신 정보에 따르면, 현재 프랑스와 이탈리아에서는 출산 1건당 불법 낙태가 1건꼴로 일어나고 있습니다. 라틴 아메리카를 통틀어서는 출산 3건당 불법 낙태가 1건꼴로 일어나고 있지요. 나라마다 편차는 있습니다. 가령, 브라질에서는 출산 3건당 불법 낙태가 1건꼴이지만, 우루과이는 제가 듣기로는 출산 1건당 불법 낙태가 3건꼴로 일어나고 있습니다.

관심이 있을지 모르겠습니다만, 미국에서는 출산 4건당 불법 낙태가 1건꼴로 추산됩니다. 이제 이런 질문을 해보는 것도 흥미롭겠네요. "낙태를 합법화한 나라는 사정이 어떨까요?" 좀 이상합니다. 낙태가 불법인 다른 나라들에서도 심지어 앞에서 추정치를 알려드린 가톨릭 국가들과 비율이 아주 흡사합니다. 가령, 낙태가 상당 기간 합법이었던 일본에서는 출생 1건당 합법 낙태가 약 1건꼴인데 반해 헝가리에서는 1964년 통계치로 출생 13만 3000건에 불법 낙태가 18만 건을 기록했습니다.

루이스 아우어바흐

산아제한을 통해 아동의 수를 줄임으로써 더 좋은 세상을 만들자는 것이, 사실은 정말 깊은 차원에서 자연환경을 지키고 생활 방식을 보존하려는 혹은 적어도 지금 우리 생활 수준에 다가가려는 것이라는 생각에 대해 말씀해주시겠습니까?

조지 월드

대단히 보수적인 발상이지요. 바로 그렇습니다. 그것은 인간의 삶의 질을 지키려는 시도입니다. 그게 무슨 뜻인가? 그렇게 해서 이 세상의 어린이를 위해 해주려는 게 뭔가? 모든 시중을 다 들어주어 나태한 인생을 살게 하자는 것인가? 전혀 그렇지 않습니다.

우리가 지구상의 모든 어린이를 위해 바라는 것은 그들이 자신의 유전적 잠재력을 최대한 최적으로 실현할 수 있도록 대하는 것이라고 생각합니다. 우리는 모두 한 벌의 유전자를 타고나는데, 이것은 말하자면 임의적(permissive)인 것입니다. 각 개인으로서 우리 안에서 실현 가능한 것을 그렇게 부르지요. 그렇다면 그런 가능성을 실제로 실현하려면 무엇이 필요할까요? 우선 엄마들을 잘 돌봐야 합니다. 임신부를 잘 먹여야 하고, 아이를 낳고 돌보는 동안에도 산모를 계속해서 잘 먹여야 합니다. 그다음에는 아이에게 적절한 음식과 의복, 주거, 그리고 성장을 위한 좋은 환경을 제공하고, 마지막에는 아이의 필요와 능력만큼 교육해야 합니다.

어려운 일입니다. 하지만 전적으로 가능한 일입니다. 우리가 인구를 조절할 수만 있다면 말이지요. 바로 그걸 이야기하는 것입니다. 우리는 인류의 경주에서 모든 어린이가 기회(어느 정도 동등한 기회)를 누릴 수 있기를 바랍니다. 자신의 유전적 잠재력을 실현하고 그다음에는 홀로 설 기회 말입니다. 그런 경주는 틀림없이 많은 다양성과 경쟁을 부여하는 삶이 될 것입니다. 일부는 더 멀리 갈 것이고 일부는 멀리 못 갈 겁니다. 하지만 모두에게 자신의 잠재성을 실현할 기회가, 바라기로는 거의 동등한 기회가 주어질 것입니다.

의미의 물음

루이스 아우어바흐

이제 제가 생각할 수 있는 유일한 것은 고매한 고원에서 내려와서 현재 박사님의 정치적 관심사가 무엇인지 알아보는 것입니다. 박사님은 자신의 불사에는 관심이 없으시겠지만 주변에서 진행되고 있는 일들에는 관심이 있을 게 분명합니다.

조지 월드

네, 사실입니다. 그게 진짜 핵심이지요. 이번 강연에서 제가 이야기해온 것은 당면한 이슈와 정치가 출현한 기반에 관한 것입니다. 늘 이런 질문을 받습니다. "그렇게 일반적인 말로 이야기하기는 아주 좋지요. 하지만 구체적인 프로그램이 있습니까?" 또 제게 이렇게 물어볼 수도 있겠지요. "당신의 프로그램은 어린이를 위한 더 좋은 세상이라는 생각으로 끝이 납니까?" 아닙니다. 절대 그렇지 않습니다.

물론 저는 지금껏 문제가 무엇인지 스스로 질문해야 할 때가 많았습니다. 이제는 그 문제들을 거의 기도문처럼 외울 수 있을 정도이지요. 저는 문제를 대표하는 특정 인물보다는 워낙 문제 자체에 관심이 많습니다. 사실 저는 그런 문제를 알리기 위한 차원에서 사람들을 선택합니다. 그러면 무엇이 문제인가? 저는 미국인입니다. 그래서 문제 중 일부는 미국의 문제입니다. 미국의 문제는 전 세계에 어떤 식으로든 영향을 미칩니다. 그런 문제를 과장 없이 열거만 해보겠습니다. 저는 우리가 베트남 전쟁에서 철수하기를 바랍니다. 징집도 중단하면 좋겠습니다. 평시 징병, 영구 징병은 제가 아는 한 가장 비미국적인 것입니다. 저의 부모님은 3등 선실에 몸을 싣고 이 나라로 건너왔습니다. 그분들이 피하려던 것 중 하나가 비자발적인 군 복무였지요. 이런 일이 미국에서 일어나야만 한다는 것에 깊은 충격을 받았습니다.

저는 지금 우리가 보유한 것보다 훨씬 작은 군

대를 원합니다. 국방 예산도 대폭 삭감했으면 합니다. 그렇게 하면 인간적인 수요를 충족시키는 데 쓸 돈이 좀 생기겠지요. 그러면 다음과 같은 문제를 개선하는 일종의 긍정적인 프로그램을 시작할 수 있습니다. 예컨대 주거시설 확충과 저가 주택 공급, 훨씬 많은 학교와 교육 지원, 기능이 중단되다시피 한 대중교통, 깨끗한 공기와 물, 훨씬 좋은 영양 말입니다. 이제는 대통령위원회를 통해 아침을 굶고 등교하는 어린이를 포함해 2000만 명에 가까운 미국인이 정기적으로 굶는다는 사실을 공식적으로 알고 있습니다. 저는 가르치는 사람입니다. 그래서 배고픈 어린이에게는 가르칠 수 없다는 사실을 압니다.

이런 것은 문제의 일부분에 지나지 않지요. 그 외에도 허다합니다. 모두 해결해야 할 가치가 충분히 있는 문제들이지요.

루이스 아우어바흐

이런 문제들을 해결하는 것이 이번 강연에서 이야

기해온 더 일반적인 관심사와는 어떻게 연결된다고 생각하십니까?

조지 월드

저는 지금 가장 중요한 문제이면서 가장 아쉬운 것이 공통으로 받아들이고 있는 인식의 틀이라고 생각합니다. 모두가 수용하는 단 하나의 인식 틀은 절대 존재하지 않을 것입니다. 몇 가지는 존재할 수 있을 겁니다. 되도록 양립 가능한 것들이 되겠지요. 그것이 정치를 낳습니다. 그래서 저는 이런 것이 다 긴밀하게 연결돼 있다고 봅니다. 이것이 저의 인식 틀입니다. 이 강연에서 그것을 말하는 이유는 오직 하나, 그것을 수용할 수 있는 다른 분들이 계실지도 모른다는 생각에서입니다.

루이스 아우어바흐

지금은 과학과 정치 중에서 어느 쪽에 더 많은 시간을 쓰시나요?

조지 월드

글쎄요, 저로서도 궁금한 질문이군요. 후회막급이지만 요즘은 과학에 시간을 덜 쓰고 있다는 사실을 인정해야겠군요. 저는 학생들을 가르칠 때 지름길을 택하지 않습니다. 제 모든 것을 동원해서 가르칩니다. 철저히 최선을 다하지요. 하지만 과학의 업무에서 상당 정도 이탈할 수밖에 없었습니다.

지금도 여전히 연구실에서 활발히 연구하며 근사한 성과를 내는 사람들이 있습니다. 그게 좋습니다. 그래서 무척 행복합니다. 하지만 이제는 제가 과학에 많은 시간을 쓰지 않고 있습니다. 그 점에 관해서는 많이 후회합니다. 가끔 이런 생각을 하지요. '이런 다른 것에 주의를 뺏기는 것보다 차라리 다음 실험을 하는 것이 낫지 않을까?' 하지만 그런 다음에는 다시, 지금만큼은 다음 실험을 하는 것보다 정치에 관한 일을 하고, 방금 이야기한 것과 같은 내용의 이야기를 사람들에게 들려주는 것이 더 중요할 수 있겠다는 절박감에 사로잡힙니다. (어린 시절과 학생 시절에도 내내 그렇게 느꼈다고 말해야겠군요.) 그게 실수일 수도 있지만, 저로서는 다른 선택을 할 수가 없습니다.

루이스 아우어바흐

저는 박사님이 1969년 3월에 '미래를 찾는 세대'라는 제목의 꽤 유명한 강연을 하시고 난 후부터 눈에 띄는 정치적 인사로 떠올랐다는 인상을 받았습니다. 그 연설의 배경과 당시 반응을 좀 이야기해주실 수 있나요?

조지 월드

네, 좋습니다. MIT의 어떤 학생들이 교수진과 함께 모임을 만들고는 제게 강연을 청했습니다. 당시에 저는 하버드에서 제가 가르치는 학생들, 주로 신입생과 2학년생이었는데요, 이 남녀 젊은이들의 분노가 달이 갈수록 점점 커지고 있다는 것을 뚜렷하게 의식하던 중이었지요. 학생들을 깊은 고민에 빠지게 하는 것들이 있었고, 그러다 보니 저로서는 그들을 가르치는 것이, 또 학생들로서는 배우는 것이 점차 힘들어지던 중이었습니다. 저는 당연히 걱정할 수밖에 없었지요. 혼자서 묻고 또 물었습니다. 무엇이 문제일까? 학생들은 왜 화가 난 걸까? 물론 하버드 학생뿐이 아니었습니다. 아니, 미국의 학생들만도 아니었습니다. 캐나다, 독일, 체코슬로바키아, 헝가리, 멕시코, 스페인, 그러니까 전 세계의 학생, 철의 장막 양쪽, 죽의 장막 양쪽의 젊은이들이 모두 깊이 분노한 상태입니다. 거기에는 틀림없이 어떤 이유가 있습니다.

저는 계속해서 '이유가 뭘까?' 자문했습니다. 그 후 그 이유를 알겠다는 생각이 들 때였습니다. 그래서 강연 제목을 '미래를 찾는 세대'라고 붙인 거지요. 그런 주제를 대놓고 말한다는 것은 끔찍한 일에 가까웠지만, 강연을 하고 나서는 기뻤습니다. 그리고 그 후로 제 삶이 아주 달라졌습니다. 처음으로 주요 정치인들을 알게 되었고, 전국을 누비고 다니면서 온갖 사람들, 대학에 있는 사람들만이 아니라 모든 유의 사람들을 만나 이야기하고, 지금의 곤경에서 벗어나 미래를 열어줄 길을 찾기 위해 노력해왔습니다.

아직도 제 눈에는 분명하지 않습니다. 우리가 진보하고 있다고 생각하지 않습니다. 제가 가르치는 학생들을 성가시게 하는 문제들은 매년 더 나빠지고 있습니다. 그렇지만 저는 체념하지 않습니다. 낙담하지 않습니다. 왜냐고요? 지금 사태의 추이와 그것이 필연적으로 초래할 결과가 전적으로 용납될 수 없다고 보기 때문입니다. 제가 인간과 인간이 맡은 대사업의 본질에 대해 어떤 견해를 가졌는지 아신다면, 이제 와서 순전히 사소한 이유로 그 모든 것이 산산조각이 난다는 생각을 받아들일 수 있을 거라고 생각하세요? 만일 인류가 지금 이대로 추락한다면 전적으로 사소한 이유 때문일 겁니다. 이윤과 힘과 지위를 위한 이유 때문이지요. 이 모두가 소수의 사람을 위한 것입니다. 그것을 위해 모든 인류와 인류의 대사업이 희생되어야 한단 말인가요?

그래서 저는 확신합니다. 비록 아직은 보여드릴 승리가 없더라도 말이지요. 어떤 면에서 우리가 당면한 문제는 해결하기가 거의 불가능해 보입니다. 문제가 얼마나 복잡하고 어려운지 알 만큼 분별 있는 사람이라면 기꺼이 돌아서서 다른 일을 하겠지요. 그렇지만 대안이 없습니다. 우리에게 물어보는 법은 없이 지시만 날아들 뿐이지요. 아무런 대안이 없습니다. 그러니 우리로서는 이 일을 할밖에요. 우리 아이들을 위한 미래를 만들어 나갈 겁니다.

루이스 아우어바흐

더 좋은 미래가 있을 것이라는 신념 그 이상의 실천 계획도 갖고 있으시겠지요. 현실적으로 어떤 일을 하고 있으신가요?

조지 월드

이제 근본적인 물음을 제기하시는군요. 모든 종교에서 제기하는 질문은 믿음과 실천에 관한 것이지요. 저의 믿음을 들으셨고, 이제 저의 실천을 알고 싶으신 거군요.

자랑할 것은 없습니다. 하지만 최근에 활동을 시작했습니다. 그것에 관해 얼마간 말씀드리고 싶습니다. 거기에 큰 희망을 걸고 있기 때문입니다. 두 달 전쯤 저는 전미자동차노조위원장인 레너드 우드코크 씨에게 편지를 썼습니다. 노동조합 내 진보적인 성원들과 대학 내 교수와 학생 측 진보적 성원들이 연대할 경로가 생기면 모두에게 유용할 것 같다는 내용이었지요.

그는 좋은 생각이라며 모임을 주선해보겠다고 회신을 보내왔습니다. 3주 전에 그 모임을 했습니다. 레너드 우드코크 씨는 아주 강력한 노조를 대표하는 약 8개의 전국 노조 집행부를 초청했고, 케임브리지-보스턴 지역 교수진 약 30여 명, 학생 15명과 만났습니다. 서로 뜻이 잘 맞아 2주 후쯤에 두 번째 회동이 있었지요. 그때는 더 많은 노조가 참여했고, 향후 전국 주요 지역(아마 캐나다도 포함해서)을 순회하는 모임을 시작하는 한편 지역마다 노조원과 대학의 교수와 학생 들로 구성된 회원제 조직을 두기로 결의했습니다. 우리가 발족하려고 하는 조직의 모든 힘은 각 지역 단체에 있을 겁니다. 바람 같아서는 다소 느슨하게 조직된 전국 위원회는 지방 조직들을 조정하거나 소통을 중재하고, 의회 법안 같은 전국적 이슈를 다루는 식이 되었으면 합니다.

이제 시작일 뿐입니다. 이 조직이 앞으로 어떻게 될지 무엇을 할 수 있을지 기대가 큽니다. 대학에서는 지금 우리에게 가장 필요한 것을 지원할 것입니다. 즉, 캠퍼스 밖 공동체 기반을 통해 대학이 제공할 수 있는 전문성과 연구 능력과 지식을 노동자들에게 지원할 겁니다. 어떤 노동 지도자의 말처럼 일종의 싱크탱크 역할을 맡는 거지요. 싱크탱크는 정부와 산업계에는 수년 동안 있었지만, 노동계는 결코 가져보지 못했던 것이지요. 나아가 이 싱크탱크는 이해관계를 떠나 노동자들의 관심사항과 대학에서 가르치고 공부하는 노동자들이 큰 관심을 두는 모든 종류의 문제에 관해 연구할 수 있을 겁니다.

루이스 아우어바흐

삶의 이 시점에서 과학과는 다소 거리가 있는 정치 참여로 이동하려는 모습이 흥미롭습니다. 만약 지금 인생의 이력을 선택할 수 있다면 그래도 다시 과학을 택하실지 궁금한데요?

조지 월드

저는 결코 과학을 택한 것을 후회하지 않습니다. 이번 강연에서 그 이유를 설명하려고 했습니다. 저는 과학자로서 땅(ground, 지구라는 뜻도 함께 담고 있다 - 옮긴이) 위에 발을 딛고 있을 뿐 아니라 조금은 땅속에도 박혀 있다고 느낍니다. 현실에 뿌리를 내리고 있는 것이지요. 이 점이 아주 중요합니다. 땅 위에 발을 딛고 서 있으면 이따금 머리가 구름 속에 잠길 수도 있습니다. 어떤 경우가 됐든 땅은 제가 활동하는 기반입니다. 그것이 제가 여러분에게 말씀드리려고 했던 것입니다. 과학이야말로 제게 우리는 위대하고 고상하고 가치 있는 게임을 하고 있다는 확신을 줍니다. 그 규모는 우주만큼이나 방대하지요. 저는 그것이 지금 산산

조각이 나는 것을 좌시하지는 않을 겁니다. 그래서 지금 그런 일을 하는 거지요. 그 일이란 반드시 인류의 대사업이 계속 이어지고 발전하며 놀라운 잠재성이 실현되도록 하는 것입니다.

옮긴이의 말

과학자가 건네는 최선의 답

책과 사람 사이에도 인연이라는 것이 있는지, 번역을 맡으면서도 예사롭지 않은 인과로 이어진다는 느낌이 들 때가 있다. 이 책도 그렇다. '책을 출간하며'에 자세히 나오지만 출간의 토대가 된 강연이 열린 것은 1970년이었다. 당시만 해도 명성이 자자한 석학의 대중 강연으로 호평이 쏟아진 모양이지만, 당초 출간까지 계획된 강연의 원고는 정작 저자가 세상을 뜬 후에도 파일박스에 사장된 채 45년이란 세월이 흘렀다. 그대로 영원히 묻힐 수도 있었을 것이다. 무슨 생각에선지 과거 강연을 기획했던 방송 PD가 어느 날 문득 구글로 검색해본 끝에 원고의 소재가 파악됐고 단행본으로 기사회생했다. 2017년 봄의 일이었다. 원서를 펴낸 캐나다의 어난시 출판사는 국내 에이전시를 통해 출간 의사를 타진했고, 모던아카이브 박수민 대표는 『사피엔스의 미래』 번역으로 인연이 있는 내게 검토를 청해왔다. 원고 분량은 많지 않아 일별하는 데는 오래 걸리지 않았다.

처음엔 나도 호기심 반 의구심 반이었다. 아무리 노벨상까지 받은 과학자의 명강연이었다지만 수십 년이 지난 지금 다시 귀 기울일 만할 걸까. 과학이라는 것이 끊임없이 새로운 관찰과 이론으로 대체되는 분야 아닌가. 게다가 최근에는 국내에도 교양 과학에 관한 관심이 높아지면서 국내외 저자의 신간들이 쏟아지는 터. 한 세대 전 학자의 이야기가 '경쟁력'은커녕 시의성이 있을까 싶었다. 그래도 뒤늦게 원고를 찾아 나선 기획자나, 활자화에 동의한 출판사의 안목을 믿어보기로 했다. 찬찬히 읽어보는 동안 내 생각도 그들 편으로 기울었고, 급기야 국내에도 소개되면 좋겠다는 결론에 이르렀다. 바로 지금 내 주변의 많은 사람이 품고 있을 삶의 질문들에 대한 답을 찾는 실마리가 될 수도 있겠다는 생각에서였다. 어쩌면 강연 당시보다 지금 더 우리에게 절실한 이야기일지도 모른다는 생각까지 들었다.

조지 월드는 누구인가

조지 월드(1906~1997)라는 이름은 일반인에겐 다소 생소하다. 하지만 일찌감치 1960년대에 우리 눈의 망막에 관한 획기적인 연구로 노벨상까지 공동 수상한 석학이다. 유대계였던 그는 어린 시절부터 영특하고 언변이 좋아 주변에선 뛰어난 변호사가 될 줄 알았다고 한다. 처음에는 뉴욕대에서도 예비 법대생으로 수강을 시작했다가 적성에 맞지 않아 의대로 바꾸어 대학원에서는 동물학을 전공했다. 출중한 화술은 대학 강단에 서서도 빛을 발했던 모양이다. 1966년 〈타임〉이 선정한 미국의 10대 교수 명단에도 이름이 오를 정도였다.

하버드대에 개설된 그의 생물학 개론 수업 '살아 있는 것들의 본성'은 입소문을 타면서 신입생들 사이에 '필수 강좌'가 되다시피 했다. 그의 강의는 비단 생물학에만 국한되지 않고, 온 우주와 그 속에서 인간의 지위가 갖는 의미까지 포괄했다. 그의 수업을 들은 학생 중 적잖은 수가 생물학을 전공하게 될 정도로 매력적이었다고 수강생들은 증언한다. 그는 학자로서도 사고의 폭이 광활했다. 현대 양자역학의 거인인 알베르트 아인슈타인과 닐스 보어와도 교유하며 우주와 의식 있는 존재로서 인간의 의미를 탐구했던 것으로 전해진다.

무엇보다 그는 사회 참여형 지식인이었다. 노벨상을 받고 난 인생 후반에는 지식인의 사회적 책임을 앞세워 미국의 베트남 전쟁과 핵무기 경쟁에 반대하는 데 헌신했다. 1965년 베트남전 반대 서신의 서명자 중 한 명이었고, 반전 거리 시위에까지 참여했다가 경찰에 체포돼 구금되기도 했다. 당시 리처드 닉슨 대통령의 '블랙 리스트'에도 올랐다. 지금도 인터넷을 검색해보면 1969년 MIT 강연을 비롯한 그의 몇몇 인상적인 대중 연설문이 높은 조회 수를 기록하고 있다.

그런 그의 언행은 실천적 지식인으로 알려진 버틀란드 러셀(1872~1970)을 연상시킨다. 월드보다 한 세대 정도 앞섰던 러셀이 '나는 왜 기독교인이 아닌가'라는 제목의 도발적인 에세이를 쓰며 종교에 대결적 자세를 취한 철학자였던 데 반해, 월드는 종교에 관한 보다 유연한 상징적 해석과 함께 과학을 보다 통합적인 지적 노력으로 이해하려 했다. 그럼에도 월드 자신은 어디까지나 과학자의 원칙에 충실했다. 무신론자이면서도 우주와 생명, 그리고 의식의 출현이라는 놀라운 현상에 대해 끝까지 진기하게 여기고 질문을 멈추지 않는 편이었다. 그의 다른 글을 보면 말년에는 인도 철학에 끌려, 우주의 물리적 진화 끝에 생명과 의식이 출현한 것이 아니라 이 모든 것을 포괄하는 정신이 존재하며, 그 속에서 우주와 생명, 의식의 출현이 일어났을 가능성에 대해서도 숙고했던 것으로 보인다.

이 책에 담긴 강연에서도 월드는 과학적 사실에서 출발해 철학적 사색의 주제들로 청중을 이끈다. 이른바 '빅 퀘스천'들이다. 저자는 지구의 탄생부터 생명, 의식, 인간의 출현에 이르기까지 전 과정을 되도록 쉽게 풀어 설명하는 한편, 그것이 함축하고 있는 생명과 죽음의 의미를 끌어낸다.

우리는 어디에서 어디로 가는가

월드에 따르면 현대 과학은 우주와 생명, 인간의 지위에 관한 통일된 관점을 제시한다. 우주와 그것을 인식하는 주체인 인간은 결국 하나라는 관점이다. 흥미로운 점은 강연 중간중간 과학에서 얻은 통찰을 구약 성경 구절의 해석과도 연결해 설명한다는 점이다. 그렇다고 해서 저자가 기독교에서 말하는 창조론을 수용하는 것은 아니다. 오히려 지금도 알게 모르게 서구(와 그 문화의 영향을 받은) 사회의 정신을 지배하고 있는 창조적 세계관을 점잖게 비판한다. 입증 불가능한 초월적 존재에 의한 창조론보다는 뚜렷한 사실에 기초한 진화론이 생명과 인간의 독특한 가치를 제대로 인정하는 설명이라고 역설한다.

저자는 모두 여섯 차례에 걸친 강연의 시작부터 끝까지, 물질에서 시작해 의식에 이르는 우주의 장구한 진화의 역사가 보여주는 신비와 경이로움을 강조한다. 우주는 같은 조건일 경우 어떤 식으로든 생명이 출현하기 마련이며, 그 연장선 위에서 지적 생명체인 인간의 탄생에까지 이른 것이야말로 존귀하게 여겨 마땅한 사실이라는 입장을 취한다. 그런 점에서 우리 인류는 우주가 자신을 인식하게 된 단계를 뜻하며, 앞으로도 미래 인류를 통해 펼쳐 보일 새로운 진화의 가능성을 열어두는 것은 바람직한 일이라고 말한다.

특히 인상적인 대목은 죽음의 기원에 관한 부분이다. 죽음은 개별 생명체의 차원에서는 소멸이지만 종 차원에서는 생명의 연장이며, 궁극에는 거대한 생명 순환의 장엄한 연쇄고리라고 말한다. 오히려 개인의 육체적 수명을 연장하는 데서 불멸을 찾으려는 사람들의 단견을 지적한다. 그러면서 정작 인류의 생존을 위협할 수 있는 핵전쟁과 환경 파괴에 대해서는 무모한 사람들의 안일함을 개탄한다.

그가 제안하는 인류의 바람직한 미래상은 '어린이를 위한 더 좋은 세상'이다. "모든 어린이가 나아가는 대로 인류도 따라갑니다. 우리가 어린이를 위한 보다 나은 세상을 이룩했을 때 그것은 어른을 위해서도 보다 나은 세상일 것입니다." 젊은 세대를 향한 저자의 각별한 애정은 강연 곳곳에서 묻어난다. 그는 청년들이야말로 사회의 미래를 담당할 주역이지만, '현재'의 시점에서는 늘 취약할 수밖에 없는 처지에 있다며 기성세대의 각별한 배려를 호소한다.

저자는 이 모든 것의 의미가 결국에는 우주와 생명, 인간의 끝없는 전개에 있다고 말한다. 그가 바라는 세상은 "끊임없이 펼쳐지고, 끊임없이 놀라움을 주고, 언제나 새롭게 할 일이 있고 배울 것이 있어서 분주한 세상. 영원한 학습과 영원한 창조를 위한 세상, 우리를 낳은 우주가 더욱더 위대한 성취를 거두는 세상, 그럼으로써 모든 어린이에게 더 좋은 바로 그런 세상"이다.

저자는 시종일관 대가답게 소소한 사실과 사례, 큰 질문과 답변 사이를 자유롭게 오가며 이야기를 끌어간다. 일반 대중을 상대로 한 라디오 강연답게 용어도 사례도 설명도 대단히 쉽다. 마치 중고등학교 과학 시간에 들었을 법한 정도의 눈높이에서 이야기한다. 그 속에 담긴 교훈은 남녀노소 누구나 귀 기울일 만한 것들이다. "우리 사회는 지금 확신의 위기, 사명감의 위기, 헌신의 위기, 일종의 범세계적인 정체성의 위기에 직면해 있지요. 이런 상황에서 기술이 지리적인 거리를 없애준 만큼이나 우리 인간은 이전 어느 때보다도 하나의 공동체가 되어야 할 필요가 있습니다. 인간의 요구와 목표에 대한 공감대를 이루지 못한다면 우리는 길을 잃고 말 겁니다."

21세기 실존주의

오늘날 사회의 지배적인 흐름은 쾌락주의다. 적어도 표면적으로는 그렇다. 너나 할 것 없이 많은 이들이 삶의 편리와 안락을 좇는다. 요즘 인기 있는 학자의 정의만 보더라도 행복이란 되도록 자주 사랑하는 사람과 맛있는 것을 먹고 함께 시간을 즐기는 것이다. 이른바 소비사회의 철학이다. 그런 삶이라면 대체로 구매력이 많은 것을 좌우한다. 수중의 재산의 많고 적음이 삶의 질을 판가름한다. 오늘날 새롭게 배금주의와 물질주의가 득세하는 것도 그 때문일 것이다. 하지만 과연 그게 다일까. 그런 삶이 진정 살 만한 가치가 있는 것인가. 소크라테스 이래 생각하는 인간은 그런 질문을 던져왔다. 알베르 카뮈는 삶의 의미야말로 질문들 중에서도 가장 절박한 것이라고 썼다. 니체는 왜 살아야 하는지, 삶의 목적만 분명하다면 어떤 어려움도 이겨낼 수 있다고 했다.

누구나 부와 명예를 좇는 것 같지만, 마음 한구석에는 그 모든 것의 의미를 반문한다. 무엇보다 자신이 어떤 존재인지 묻는다. 요즘 다양한 형태로 고개를 드는 정체성 찾기다. 나는 누구인가. 이제는 생명공학기술의 발달로 쌍꺼풀이나 코 높이뿐 아니라 심신의 우열까지 선택할 수 있게 되면서 이런 물음은 당면한 현실의 문제가 되었다. 무엇이 좋은 삶이고, 우리는 어디로 향하는가. 이른바 실존주의적 질문이다.

그레그 카루소와 오원 플래너건은 『신경실존주의*Neuroexistentialism*』

에서 지금까지 인류는 실존주의의 파도에 세 차례 직면했다고 진단한다. 첫 번째는 19세기, 신으로 대변되는 형이상학적 세계관이 붕괴했을 때이다. 키르케고르는 신에 대한 믿음을 일대 도박이라 했고, 니체는 신의 죽음을 선언했다. 두 번째는 20세기 세계대전과 홀로코스트, 비인간적 산업화를 겪으며 휴머니즘에 대한 믿음이 파산했을 때이다. 사르트르는 자유에서, 카뮈는 반항에서 삶의 의미를 구하려 했다. 이제 21세기에 불어닥치기 시작한 세 번째 파도인 '신경실존주의'는 각 분야에서 누적된 과학 지식에서 나온다는 점에서 이전보다 훨씬 치명적이다. 첨단의 연구들이 제시하는 결론은 인간에게 더 이상 신비로울 것은 없다는 것이다. 오늘날 정치 냉소주의와 집단이기주의, 정체성 고민은 모두가 심층의 의미 공백에서 나온다. 지금 현대인의 소비문화는 한 꺼풀만 벗겨 보면 그것을 떠받치는 의미 기반이 극도로 취약하다. 깊은 허무와 의미의 공백을 무엇으로 메울 수 있을까.

과학자가 건네는 최선의 답

과거 인생의 큰 질문에 대한 답은 어디에선가 주어졌고 자명했다. 대개 오랜 종교나 전통에서 제시됐다. 그러나 그 모든 것의 신비로움은 사라졌다. 인공지능과 생명공학 같은 기술은 풍요와 능력을 가져왔지만, 그것은 오히려 인간의 가치와 존재 이유를 더 심각하게 위협하고 있다. 종교가 인생과 우주에 대한 근본적인 믿음 체계라고 한다면 오늘날 종교의 자리를 대신하는 것은 과학이다. 근대 교육의 세례를 받은 현대인은 자신이 알든 모르든 과학적인 세계관에 물들어 있다. 어떤 주장을 접했을 때 그것을 뒷받침하는 증거와 논리를 찾는다.

과학이란 무엇인가. 우리는 뉴튼의 만유인력이라든가 아인슈타인의 상대성 이론 같은 여러 공식과 법칙을 떠올린다. 하지만 월드는 사물에서 지혜를 뽑아내려는 우리 내면의 뿌리 깊은 시도이자, 세계를 더 잘 이해하기 위한 인류의 부단한 사업이라고 말한다. 그것은 목표를 향한 노력이지만 결코 끝날 수 없는 과업이다. 주류 과학은 과학이 '어떻게'(삶의 수단)에 관해 답할 뿐 '왜'(삶의 목적)에 관해서는 답할 수 없다고 말한다. 하지만 월드는 '어떻게'에 관한 앎이 '왜'에 관한 물음에 답하는 데도 도움을 줄 수 있다고 믿는다. 최근 들어 우주물리학자를 비롯한 과학자들이 우주와 생명, 인간의 기원과 같은 인문학적 질문에 답하는 책들을 속속 펴내고 있다. 월드의 강연은 그런 과학 인문학의 선구적인 사례라 할 수 있다.

저자가 일찍부터 망막에 관심을 가져온 점은 주목할 만하다. 여기에는 인식론적 관심이 깔려 있었다. 시각은 생물체와 세계의 접점에 해당한다. 우리는 시각을 통해 세계를 인식하고, 세계는 의식에 투영된다. 기원적으로 봤을 때 물질세계에서 생겨난 의식이 다시 그 세계를 바라보는 셈이다. 그렇게 본다면 우리의 의식이란 우주가 자신에 대해 눈을 뜨는 것이라고 할 수 있다.

번역을 마치고 옮긴이 후기를 쓸 때가 설 연휴였다. 저자가 본문 중에서 이야기한 헤르만 헤세의 『싯다르타』에 이어 『유리알 유희』를 읽다가 그 속의 시 한 편을 읽게 되었다. 이 시가 이 강연의 메시지와 너무 잘 어울린다고 생각했다. 생명과 인간 삶의 신비는 늘 새로운 도약을 요구받고 있다는 이야기다. 〈단계〉라는 시의 전문을 소개하는 것으로 글을 맺을까 한다.

꽃이 모두 시들듯이,
젊음이 나이에 굴복하듯이,
지혜도, 덕도, 인생의 모든 단계도
제철에 꽃피울 뿐, 영원하지 않네.
생의 부름을 받을 때마다 마음은
슬퍼하지 않고 용감하게
새로이 다른 인연으로 나아가도록
이별과 새 출발을 각오해야 하지.

그리고 모든 시작에는 이상한 힘이 깃들어 있어
우리를 지켜 주고 살아가도록 도와준다.

공간에서 공간으로 명랑하게 나아가야지
어디에도 고향인 양 매달려서는 안 되네
우주 정신은 우리를 구속하고 좁히는 대신
한 계단씩 올려 주고 넓혀 주려 한다.
생의 어느 한 영역에 뿌리내리고
친밀하게 길드는 바로 그 순간, 나태의 위협 밀려오나니
떠나고 여행할 각오된 자만이
습관의 마비에서 벗어날 수 있으리.

죽음의 순간에조차 아마 우리는
젊게 새로운 공간으로 넘어가는지도 모른다.
생의 부름은 결코 그치지 않으리니……
그러면 좋아, 마음이여, 작별을 고하고 건강하여라!

2019년 봄

전병근

매시 강연 소개

매시 강연(Massey lecture)은 캐나다 공영 방송국인 CBC 라디오와 어난시 출판사, 토론토 대학교의 매시 칼리지가 공동 후원한다. 18대 캐나다 총독이었던 빈센트 매시를 기리며 만들어진 이 강연은 1961년 첫 회를 시작으로 라디오를 통해 저명한 권위자들이우리 시대의 중요한 문제에 관한 독창적인 견해를 들려주는 포럼의 장이 되었다. 노벨상 수상자인 조지 월드, 마틴 루서 킹 주니어, 빌리 브란트, 도리스 레싱 외에도 평론가 노드롭 프라이, 경제학자 존 케네스 갤브레이스, 언어학자 노엄 촘스키, 소설가 마거릿 애트우드 등이 주요 강연자로 참여했다. 강연 내용은 매년 11월 CBS 라디오 프로그램인 〈아이디어 〉로 방송된다.

이 책은 1970년 라디오 캐나다 인터내셔널을 통해 방송된 'Therefore Choose Life'라는 제목의 매시 강연 내용을 담고 있다. 이 강연의 제작은 루이스 아우어바흐, 강연 내용의 녹취는 CBC 라디오의 앤 쿰브가 맡고, 조지 월드와 아들인 엘리자 월드가 감수했다.

우리는 어디에서 어디로 가는가

2019년 3월 9일 초판 1쇄
지은이 조지 월드
옮긴이 전병근
펴낸이 박수민
편집자 홍선영
펴낸곳 모던아카이브 · **등록** 제406-2013-000042호
주소 경기도 파주시 청석로 350, 812-701
전화 070-7514-0479
팩스 0303-3440-0479
이메일 do@modernarchive.co.kr
홈페이지 modernarchive.co.kr

ISBN 979-11-87056-27-0 03400
이 도서의 국립중앙도서관 출판시도서목록(CIP)은 서지정보유통지원시스템 홈페이지(http://seoji.nl.go.kr)와 국가자료공동목록시스템(http://www.nl.go.kr/kolisnet)에서 이용하실 수 있습니다.
(CIP제어번호: CIP2019007041)